システム設計のための
# 基礎制御工学

Ph.D.
工学博士 新中 新二 著

コロナ社

浄土の父母兄に捧ぐ

# まえがき

　制御技術は人間活動のいたる所で活用されている．身近な例としては，家庭における冷蔵庫，エアコン，洗濯機，炊飯器，掃除機，給湯器，テレビ，オーディオセット，DVDプレーヤ，パソコンなどを挙げることができる．これらの安定動作には制御技術が不可欠である．家族の利用する車にもエンジン，ステアリング，サスペンションなどの主要機関部分に多数の制御技術が利用されている．社会基盤を構成する電力，エネルギー，交通運輸，通信などの分野，さらにはロボットに代表される産業機械分野からロケット・人工衛星を含む宇宙機器分野にいたるまで制御技術は不可欠な技術として広く活用されている．

　このため，工業高等専門学校や大学工学部においては，工学系学生に対する基盤的な共通科目として，基礎制御工学を教育している．こうしたなか，企業人からは「学生時代に基礎制御工学の単位を取得したが，制御器設計ができない」，「製品開発のなかで制御技術の必要性を痛感し，この独修を試みたが，実際的な制御器設計例を備えた実践的な入門書に出会えない」との意見を聞く．

　本書は，これらの批判に応えるべく，筆者の講義ノートをベースに用意したものであり，初めて制御工学を学ぶ学生・技術者に，制御システムの構成と制御器の設計法とを理解・修得させることを目的としている．少なくとも，産業界で広く利用されているPI制御器を独力で設計できる力をつけさせることを目的としている．本目的を達成すべく，本書には以下の特徴をもたせた．

1) ① 制御システムの概要（1章），② 数学の準備（2章），③ 制御システムの表現（3, 4章），④ 制御システムの評価（5, 6章），⑤ 制御システムの安定性（7章），⑥ 制御システムの設計（8, 9章），という系統立った6部から構成した．

2) 本書を特徴付ける⑥には，全体の約1/4の紙幅を割き，体系的制御器設計法を説明するとともに，DCサーボモータの駆動制御装置を取り上げ，

まえがき

具体的設計例を与えた。所期の制御性能を得るには，合理性ある構造をもつ制御システムと制御器を採用するとともに，システムの総合的能力を考慮して制御器係数を設計する必要がある。これらの理解には，産業界で長年広く利用されてきた具体例が最良の教材になると考え，DCサーボモータ駆動制御装置による電流制御（トルク制御），速度制御，位置制御を教材に取り上げた。

3)　本書は，現場ですぐに「役立つ」ことを主眼に用意した。しかしながら，ノウハウ書でもハウツウ書でもない。真に「役立つ」制御技術を身に付けるには，理論に裏打ちされた系統立った技術理解が欠かせない。本書の①～⑤は，このためのものである。これらの内容は，筆者の約30年に及ぶ制御技術者・制御工学教育者としての経験に照らし，厳選した。

4)　現場ですぐに「役立つ」との主眼に従い，筆者の技術者活動において現場活用の機会がなかった「根軌跡法」，「ニコルス線図及び同関連設計法」，「MN線図及び同関連設計法」の説明は，その概要にとどめた。

5)　本書の読者としては，工業高等専門学校や大学工学部，特に電気電子工学系や機械工学系の学生，および企業技術者を想定している。ひいては，RL電気回路や簡単な運動方程式はすでに修得しているものとしている。また，教科書としての充実を確保するため，「根軌跡法」の例のようにこれに伝統的に含まれてきたものは，概説ながら網羅を心掛けた。さらには，近年の国際化を考慮し，米国書籍を参考に制御工学用語の英語対訳を用意した。

①～⑥の6部から構成された本書を，1セメスター・15回授業で利用する場合には，①を1回，②を2回，③を2回，④を3回，⑤を3回，⑥を3回，中間試験を1回という授業構成が標準的であろう。電気数学，応用数学などの授業を通じ，すでにラプラス変換を修得している場合には，②を復習程度か1回にし，空いた時間を③などの他項目に振り分けるとよい。

2008年9月19日　瀬戸内の小島・上蒲刈島にて

新中　新二

# 目　　次

## 1.　制御システムの概要

1.1　制御とシステム ……………………………………………………………… 1
1.2　制御システムの構造と用語 …………………………………………………… 2
　1.2.1　基本的構造と用語 ……………………………………………………… 2
　1.2.2　制御システムの構成例 ………………………………………………… 4
1.3　制御システムの分類 …………………………………………………………… 6

## 2.　ラプラス変換

2.1　ラプラス変換の必要性 ………………………………………………………… 9
2.2　ラプラス変換 …………………………………………………………………… 12
　2.2.1　ラプラス変換の定義 …………………………………………………… 12
　2.2.2　ラプラス変換の性質 …………………………………………………… 13
　2.2.3　基本関数のラプラス変換 ……………………………………………… 19
2.3　ラプラス逆変換 ………………………………………………………………… 22
　2.3.1　部分分数展開によるラプラス逆変換 ………………………………… 22
　2.3.2　部分分数展開法 ………………………………………………………… 24
　2.3.3　ラプラス逆変換の例 …………………………………………………… 27
2.4　線形微分方程式の求解 ………………………………………………………… 28
　2.4.1　線形常微分方程式 ……………………………………………………… 28
　2.4.2　連立線形常微分方程式 ………………………………………………… 31

## 3.　伝達関数によるシステム表現

3.1　線形システムの応答と伝達関数 ……………………………………………… 35
3.2　基本要素の伝達関数 …………………………………………………………… 39
　3.2.1　比　例　要　素 ………………………………………………………… 39

3.2.2 積分要素 ………………………………………………… 40
3.2.3 微分要素 ………………………………………………… 42
3.2.4 1次遅れ要素 …………………………………………… 43
3.2.5 2次遅れ要素 …………………………………………… 47
3.2.6 むだ時間要素 …………………………………………… 50
3.3 補足 …………………………………………………………… 52
3.3.1 基本回路の伝達関数 …………………………………… 52
3.3.2 むだ時間要素のパデ近似 ……………………………… 54
3.3.3 微分演算子とラプラス演算子 ………………………… 55

## 4. ブロック線図によるシステム表現

4.1 ブロック線図の表現能力と有用性 ………………………… 58
4.2 ブロック線図の描画法 ……………………………………… 59
4.2.1 4基本要素と描画ルール ……………………………… 59
4.2.2 ブロック線図の描画例 ………………………………… 61
4.3 ブロック線図の等価変換法 ………………………………… 65
4.3.1 ブロック線図の3結合 ………………………………… 65
4.3.2 加算点と分岐点の移動 ………………………………… 67
4.3.3 伝達関数の評価 ………………………………………… 68

## 5. システム評価のための時間応答

5.1 時間応答の概要 ……………………………………………… 74
5.2 ステップ応答における用語 ………………………………… 75
5.3 1次遅れ要素の時間応答 …………………………………… 76
5.4 2次遅れ要素の時間応答 …………………………………… 78
5.4.1 過渡応答 ………………………………………………… 78
5.4.2 主要特性 ………………………………………………… 82
5.5 むだ時間要素パデ近似の時間応答 ………………………… 86

## 6. システム評価のための周波数応答

6.1 周波数応答の定義と原理 …………………………………… 88

6.1.1　周波数応答の定義 ……………………………………… 88
　6.1.2　周波数応答の原理 ……………………………………… 89
6.2　ボード線図 ………………………………………………… 90
　6.2.1　ボード線図の定義と特徴 ……………………………… 90
　6.2.2　基本要素のボード線図 ………………………………… 92
　6.2.3　並列結合システムのボード線図 ……………………… 106
6.3　ベクトル軌跡法 …………………………………………… 109
　6.3.1　ベクトル軌跡の定義と特徴 …………………………… 109
　6.3.2　基本要素のベクトル軌跡 ……………………………… 111
　6.3.3　補足的システムのベクトル軌跡 ……………………… 115
6.4　周波数応答表現法の補足 ………………………………… 119
　6.4.1　ゲイン位相線図 ………………………………………… 120
　6.4.2　ニコルス線図 …………………………………………… 121
　6.4.3　MN線図 ………………………………………………… 122
6.5　周波数応答と時間応答の関係 …………………………… 125
　6.5.1　速応性の関係 …………………………………………… 125
　6.5.2　1次遅れシステム ……………………………………… 126
　6.5.3　2次遅れシステム ……………………………………… 127

# 7. システムの安定性

7.1　安定性の定義と性質 ……………………………………… 130
　7.1.1　安定性の定義 …………………………………………… 130
　7.1.2　安定性の性質 …………………………………………… 133
7.2　極による安定判別法 ……………………………………… 135
7.3　係数処理による安定判別法 ……………………………… 136
　7.3.1　フルビッツの安定判別法 ……………………………… 136
　7.3.2　ラウスの安定判別法 …………………………………… 144
　7.3.3　係数処理安定判別法の補足 …………………………… 148
7.4　ナイキストの安定判別法 ………………………………… 150
　7.4.1　背景と原理 ……………………………………………… 150
　7.4.2　ナイキストの安定判別法 ……………………………… 153
　7.4.3　ナイキストの簡易安定判別法 ………………………… 160

7.4.4　ゲイン余裕と位相余裕……………………………………………… *164*

## 8. 制御システムの設計

8.1　制御システムの構造と内部モデル原理………………………………… *167*
　8.1.1　制御システムの構造……………………………………………… *167*
　8.1.2　内部モデル原理…………………………………………………… *168*
8.2　1次遅れ制御対象に対する高次制御器設計法………………………… *170*
　8.2.1　高次制御器の設計原理…………………………………………… *170*
　8.2.2　高次制御器の設計法……………………………………………… *172*
8.3　制御器設計の基本例……………………………………………………… *175*
　8.3.1　P 制御器（0 次制御器）………………………………………… *175*
　8.3.2　PI 制御器（1 次制御器）………………………………………… *177*
　8.3.3　2　次　制　御　器………………………………………………… *182*

## 9. DC サーボモータ駆動制御システムの設計

9.1　DC サーボモータとシステムの概要…………………………………… *187*
　9.1.1　モータの動作原理と指標………………………………………… *187*
　9.1.2　DC サーボモータのための電力変換器………………………… *191*
　9.1.3　駆動制御システムの構成………………………………………… *196*
9.2　電　流　制　御…………………………………………………………… *197*
　9.2.1　電流制御システムの構成と設計………………………………… *197*
　9.2.2　電流制御器の設計例……………………………………………… *199*
9.3　速　度　制　御…………………………………………………………… *201*
　9.3.1　速度制御システムの構成と設計………………………………… *201*
　9.3.2　速度制御器の設計例……………………………………………… *204*
9.4　位　置　制　御…………………………………………………………… *207*
　9.4.1　位置制御システムの構成と設計………………………………… *207*
　9.4.2　サーボ剛性………………………………………………………… *209*
　9.4.3　位置制御器の設計例……………………………………………… *210*

参　考　文　献……………………………………………………………… *212*
索　　　　　引……………………………………………………………… *213*

# 1 制御システムの概要

本章では,制御システムの要点を概説する。本要点には,制御およびシステムの概念,制御システムの基本的構造,用語,分類が含まれる。これらは,次章以降での簡明な説明に不可欠であり,制御工学の議論において暗黙の了解事項と考えられているものである。

## 1.1 制御とシステム

「制御」を「機械や設備が目的通りに作動するように操作すること」と,広辞苑は説明している。本説明の中には,四つのキーワードが含まれている。すなわち,制御対象を意味する「機械や設備」,制御目的を意味する「目的」,制御対象に対する制御操作を意味する「操作」,制御対象の働き・応答を意味する「作動」である。制御工学(control engineering)でいう制御(control)も,上記の説明と実質同等であり,一般には,「制御目的に合うように,制御対象を操作し,これを働き・応答させること」と定義される。

制御は,人手を介した制御操作に基づく手動制御(manual control)と,機械を利用して制御操作を自動的に行う自動制御(automatic control)とに分類することができる。今日の制御工学においては,特に断らない限り,制御は自動制御を意味する。

「システム」を「複数の要素が有機的に関係しあい,全体としてまとまった機能を発揮している要素の集合体」と,広辞苑は説明している。要素の単なる集合体は,システムとは呼ばない。システムは,特定の目的の下に個々の要素を結合した結合体であり,本結合体は目的達成のための機能を備えたものでな

くてはならない．制御目的を遂行するために構成されたシステムは，制御システム（control system），あるいは制御系と呼ばれる．制御工学においては，システムと系とは，しばしば完全同義で使用される．

今日のほとんどすべての機器的システムの中には，これを構成する重要な要素（サブシステム，subsystem）として，制御システムが組み込まれている．この卑近な例としては，家庭における冷蔵庫，洗濯機，乾燥機，掃除機，エアコン，炊飯器，食器洗い機，照明，テレビ，パソコン，ビデオなどを挙げることができる．これら家電用品は，ある目的を達成するための機能を備えたシステムであり，これらの中には制御システムがサブシステムとして複数構成されている．家族が使用する車は移動のためのシステムであり，これには，エンジン制御システム，ステアリング制御システム，サスペンション制御システムなどに代表される多数の制御システムがサブシステムとして組み込まれている．

## 1.2 制御システムの構造と用語

### 1.2.1 基本的構造と用語

図 1.1 に，フィードバック制御システム（feedback control system）の基本的な構造を示した．本制御システムは，大きくは，制御対象と制御装置から構成されている．制御装置は，操作部，制御器，変換部，検出部の 4 ブロックから構成されている．これらブロックの意味は，以下のとおりである．

① **制御対象**（plant, controlled process, controlled object）　本ブロックは，制御されるべき対象を意味する．

② **検出部**（feedback transducer）　本ブロックは，制御対象の出力である制御量を検出し，電圧等の処理しやすい値（フィードバック信号）に変換する役割を担う．制御量とフィードバック信号との関係は，線形（linear）である．静的（static）な関係もあれば，動的（dynamic）な関係もある．

③ **変換部**（input transducer）　本ブロックは，目標値を基準入力へ変換するための処理を担う．目標値と基準入力との関係は線形であり，変換部の特

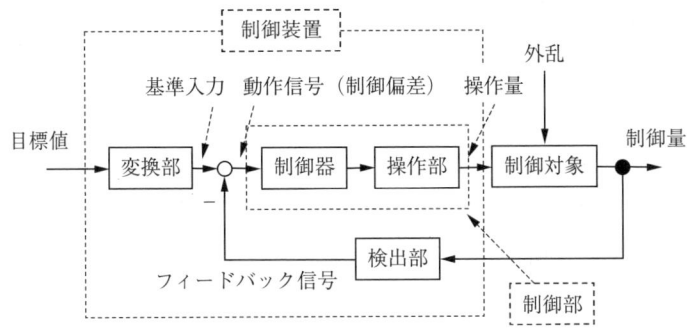

**図1.1** フィードバック制御システムの基本的な構造

性は基本的には検出部の特性と同一である．基準入力は，検出部の出力信号であるフィードバック信号と同一の信号単位で表現されたものでなくてはならない．検出部の伝達特性が実質的に1の場合には，変換部は不要である．

④ **制御器**（controller） 本ブロックは，基準入力と検出部出力信号であるフィードバック信号との差を用いて，操作部への入力信号を生成する役割を担う．本ブロックは調節器（regulator）とも呼ばれる．

⑤ **操作部**（manipulating element） 本ブロックは，制御器の出力信号を制御対象に印加可能な信号である操作量に変換する役割を担う．

⑥ **制御部**（control element） これは，制御器と操作部から構成される．

⑦ **制御装置**（control device） これは，制御システムから制御対象を取り除いた部分を意味する．換言するならば，制御装置は，検出部，変換部，制御器，操作部から構成される．

各ブロックへ入る信号は入力信号（input signal），あるいは簡単に入力（input）と呼ばれ，各ブロックから出る信号は出力信号（output signal），あるいは簡単に出力（output）と呼ばれる．個々の入出力信号は，以下のように定義されている．

① **制御量**（controlled output, controlled variable） 本信号は，制御対象の出力信号であり，また，制御システムの出力信号でもある．

② **フィードバック信号**（feedback signal） 本信号は，検出部で検出し，

4    1. 制御システムの概要

制御量を電圧等の値に変換した信号である.

③ **目標値**（command）　本信号は，制御システムへの入力信号であり，かつ制御量の設定値でもある．目標値は指令値と呼ばれることもある．

④ **基準入力**（reference input）　本信号は，目標値をフィードバック信号に対応した形に変換した信号である．

⑤ **動作信号**（actuating signal）　本信号は，基準入力からフィードバック信号を減じて生成した信号であり，制御偏差（control deviation, control error）あるいは単に偏差（deviation, error）とも呼ばれる．

⑥ **操作量**（manipulated variable, control signal）　本信号は制御装置あるいは制御部から出力される信号であり，制御対象へ印加される入力信号である．

⑦ **外乱**（disturbance）　これは，制御対象に混入し制御量を撹乱する好ましくない信号に対する総称である．外乱は予測が困難な場合が多い．

### 1.2.2　制御システムの構成例

図 1.1 に示したフィードバック制御システムの基本的構造の理解を深めるべく，制御システムの具体的な構成例を以下に示す．

〔1〕**DC モータの速度制御システム**　　図 1.2 を考える．同図は，制御対象たる DC モータを速度制御するための制御システムの概略的構成を示したものである．制御システムに外部から速度指令値が入力されると，これは変換部

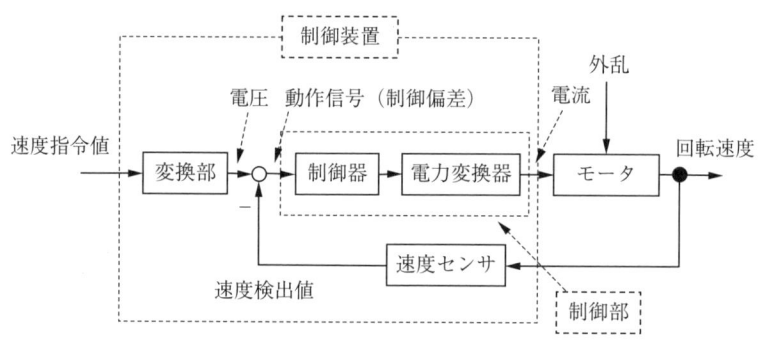

図 1.2　DC モータの速度制御システムの構成例

で基準入力に変換される。この場合の基準入力は，多くの場合は電圧である。例えば，毎分1000回転の速度指令値を10〔V〕の基準入力に変換する。速度センサは，変換部と同様な変換を行う。すなわち，速度センサは，モータ回転速度を検出し，速度検出値を電圧に変換し出力する。制御器（調節器）では，基準入力と速度検出値の偏差（動作信号，制御偏差）に応じて電流指令値を生成し，これを電力変換器（インバータ）へ送る。電力変換器は，電流指令値に従い，実際の電流をDCモータへ印加しこれを駆動する。

制御器は，制御偏差がプラスの場合には，モータ加速（正トルク発生）をうながす電流指令値を生成し，反対に，制御偏差がマイナスの場合には，モータ減速（負トルク発生）をうながす電流指令値を生成する。換言するならば，制御器は，制御偏差がゼロになるように電流指令値を生成する。制御偏差がゼロになった状態では，制御量であるモータの回転速度は，目標値である速度指令値に一致している。

〔2〕 **空調機による室温制御システム**　図1.3を考える。同図は，制御対象たる室内空気の温度を制御するための制御システム，特に冷房用空調機に組み込まれた制御システムの概略的構成を示したものである。室内空気には，外乱として熱気が混入しているものとする。このときの熱気は，外気温と室内人数により変動し，一様ではない。

制御システムに外部から室温指令値が入力されると，これは変換部で基準入

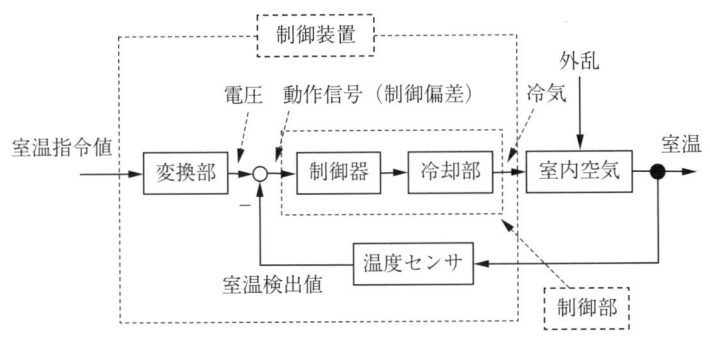

図1.3　空調機による室温制御システムの構成例

力に変換される。この場合の基準入力も多くの場合は電圧である。例えば，20度の温度指令値を10〔V〕の基準入力に変換する。温度センサは，変換部と同様の変換を行う。すなわち，温度センサは，室温を検出し室温検出値を電圧に変換し出力する。制御器（調節器）では，基準入力と室温検出値の偏差（動作信号，制御偏差）に応じて速度指令値を生成し，これを，圧縮機を主構成要素とする冷却部へ送る。圧縮機は速度指令値に応じた速度で回転し，本回転を通じ，冷却部は冷媒を介して冷気を生成し，室内に送り出す。

制御器は，制御偏差がプラスの場合には冷気生成をうながす速度指令値を生成し，反対に，制御偏差がマイナスあるいはゼロの場合には冷気生成を停止すべくゼロ速度指令値を生成する。実際には，室内空気には熱気である外乱が常時混入しているため，熱気と冷気のバランスが維持されるように（すなわち制御偏差がゼロになるように）制御器により非ゼロの速度指令値が生成される。

## 1.3 制御システムの分類

制御システムの概要把握には，これがいかなる分類に属するかをとらえるとよい。以下に，制御システムの代表的な分類を示す。

〔1〕 **システム構造による分類** 図1.1に制御システムの基本的な構造を示したが，これはフィードバック制御システムの構造である。本構造の概略的な特徴は，「制御対象の出力である制御量が，制御装置へ再入力され，制御対象の入力である操作量の生成に繰り返し利用される」ことにある。フィードバック（feedback）の名の由来はここにある。制御装置の観点からは，制御装置が検出部を有しフィードバック信号を生成利用している点に特徴がある。

これに対して，図1.4の構造をもつ制御システムも存在する。本構造の概略的な特徴は，「制御対象の出力である制御量は，制御装置にフィードバック利用されない」ことにある。当然，制御装置は，制御量の検出を目的とした検出部を有しない。この種の制御システムは，フィードフォワード制御システム（feedforward control system）と呼ばれる。なお，フィードフォワード制御シ

## 1.3 制御システムの分類

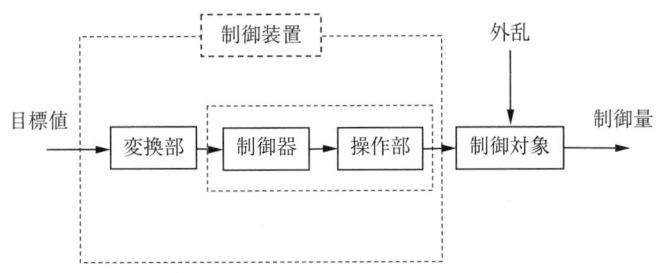

図1.4 フィードフォワード制御システムの基本的な構造

ステムの考えは,外乱補償に利用されることが多い.

　フィードバック制御システム,フィードフォワード制御システムは,おのおの,閉ループ制御システム(closed loop control system),開ループ制御システム(open loop control system)と呼ばれることもある.本書で学ぶ制御は,フィードバック制御,閉ループ制御である.

　〔2〕 **制御器の実現による分類**　制御器の実現方法は,アナログ実現とディジタル実現の2種に大別することができる.前者は,オペアンプ(演算増幅器,operational amplifier)などのアナログ素子を用いて,制御器を実現する.これに対して,後者は,マイコン(micro computer, micro processor),DSP(digital signal processor)などのディジタル演算素子用いて,制御器を実現する.アナログ実現による制御システムは,アナログ制御システム(analog control system)あるいは連続時間制御システム(continuous-time control system)と呼ばれる.一方,ディジタル実現による制御システムは,ディジタル制御システム(digital control system)あるいは離散時間制御システム(discrete-time control system)と呼ばれる.今日では,多くの制御システムはディジタル制御システムである.

　〔3〕 **制御目的による分類**　制御装置に入力される目標値が時々刻々変化し,制御対象の出力である制御量が可変目標値に追従することを制御目的とする制御は,追値制御(tracking)と呼ばれる.目標値を位置指令値,あるいは角度指令値とする追値制御は,特に,サーボ(servo)あるいはサーボトラッキング(servo tracking)と呼ばれる.この制御システムは,サーボ機構

(servo mechanism), あるいはサーボシステム (servo system) と呼ばれる。モータにおける可変トルク制御（可変電流制御），可変速度制御，可変位置制御，ロボットの空間的な軌跡制御など，制御対象を機械系とする多くの制御システムは，追値制御を行っている。

これに対して，目標値が常時一定であり，制御対象に混入する外乱のいかんにかかわらず，制御量を一定目標値に維持することを制御目的とする制御は，定値制御（regulation）と呼ばれる。定値制御における制御器は，調節器（regulator）と呼ばれることが多い。なお，定値制御を目的にした制御システムは，レギュレイションシステム（regulating system）あるいはレギュレイタ（regulator）と呼ばれる。制御器，制御システムに対して，ともに，レギュレイタなる用語を使用することがあるので注意されたい。電力系統における周波数，電圧などの制御，プロセス系における温度，湿度，圧力，液面などの制御は，定値制御の代表例である。

図 1.5 に，追値制御と定値制御とにおける目標値，制御量の一例を示した。同図 (a), (b) がおのおの，追値制御，定値制御に対応している。目標値における可変と一定との違いに注意されたい。

〔4〕 **制御対象による分類**　制御対象は，きわめて概略的であるが，機械系，電機（電動機械）系とプロセス系とに 2 別することができる。機械系，電機系を制御対象とする場合の制御は追値制御になることが多い。一方，プロセス系を制御対象とする場合の制御は定値制御になることが多い。

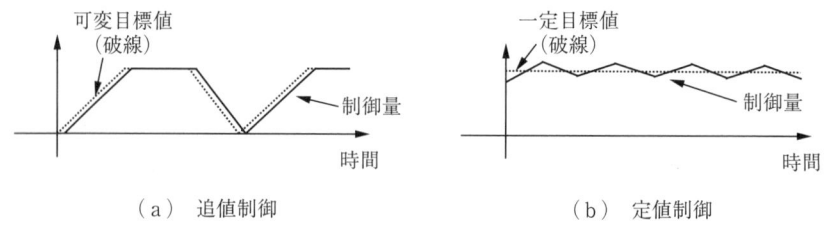

図 1.5　目標値と制御量の例

# 2 ラプラス変換

　本章では，制御システムの記述，解析，設計に有用な数学的手段として，ラプラス変換，ラプラス逆変換，さらにはこれを用いた線形常微分方程式の解法について説明する．ラプラス変換，ラプラス逆変換に関しては，いくつかの主要な性質がある．これらを定理の形に整理するとともに，例題を通じその使い方を具体的に説明する．

## 2.1 ラプラス変換の必要性

　制御工学においては，ラプラス変換（Laplace transform）が多用される．この主たる理由は，次の4項の性質として整理される．

① 線形常微分方程式（linear ordinary differential equation）を比較的簡単に解くことができる．
② 過渡応答（transient response）を比較的簡単に得ることができる．
③ 畳込み積分（convolution integral）の関係を，単なる積（product）の関係へ変換できる．
④ 時間領域（time domain）に代わって，周波数領域（frequency domain）でシステムを解析することができる．

　上記4項を眺めた多くの読者は，同様な性質をもつフーリエ変換（Fourier transform）を思い起こすかもしれない．しかし，フーリエ変換は，②の性質をもち合わせない．また，①に関しても定常解しか得ることができない．制御システムの応答においては定常応答（steady state response）のみならず過渡応答も重要であり，フーリエ変換では過渡応答解析の要請に応えることができない．上記4項の詳細を，以下に個別に説明する．

## 2. ラプラス変換

〔1〕 **微分方程式の求解**　線形常微分方程式の直接的な解法は，まずこの斉次方程式（同次方程式，homogeneous equation）の一般解（general solution）を得て，次にこの非斉次方程式（非同次方程式，non-homogeneous equation）の特殊解（particular solution）を求め，二つの解を加算し，これに初期値（初期条件，initial condition）を与えて，所期の解を得るものである。本解法の特徴は，つねに時間領域（time domain）で処理を進めるという点で直接的ではあるが，斉次方程式と非斉次方程式との求解にかなりの熟練を求められる点にある。本解法による求解手順を図2.1の左側に示した。

直接的な解法に対して，図2.1の右側に示したラプラス変換を用いた解法もある。本解法は，まず，線形微分方程式に対して，初期値を考慮の上，ラプラス変換を施し，これを線形代数方程式（linear algebraic equation）へ変換する。次に，代数方程式を求解してこの解を得る。最後に，代数方程式の解をラプラス逆変換（inverse Laplace transform）し，所期の解を得る。このときの解は，直接的な解法における斉次方程式と非斉次方程式との解を，初期値を考慮した状態で含んでいる。これらはもちろん，定常解と過渡解とを含んでいる。この場合の代数方程式の求解は，多くの場合，初等数学で可能である。このように，ラプラス変換，ラプラス逆変換を利用できれば，微分方程式の解を簡単に得ることができる。ラプラス変換，ラプラス逆変換は，基本的な関数に

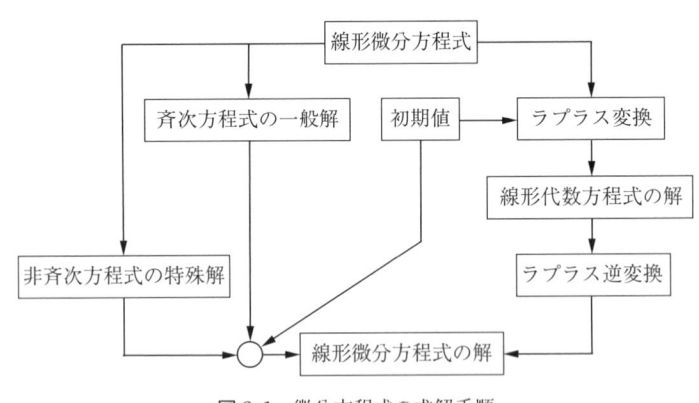

図2.1　微分方程式の求解手順

関する変換表とラプラス変換の基本性質とを利用すれば，大きな計算労力の要なく行うことができる。なお，上記の代数方程式は複素数で記述されており，ラプラス変換による解法は，周波数領域（frequency domain）における解法ともいうべきものである。

〔2〕 **過渡応答の把握**　前述の②の性質は，厳密には，①の性質に含まれる。②は，制御システムの解析の観点から，その重要性を鑑み，独立項として挙げた。図2.2(a)のRL回路を考える。本回路には，スイッチを介して一定電圧 $v_{in}$ の直流電源が接続されている。時刻 $t = 0$〔s〕に回路のスイッチを入れた場合の電流 $i$ の応答は，次式となる（後掲の式(2.73)参照）。

$$i = \frac{v_{in}}{R}\left(1 - \exp\left(-\frac{R}{L}t\right)\right) \quad ; v_{in} = \text{const} \tag{2.1}$$

図2.2(b)に，上記電流応答の一例を示した。

応答の中で，定常値に漸近するまでの一時的な応答は過渡応答と呼ばれ，定常値に落ち着いた以降の応答は定常応答と呼ばれる。微分方程式の解を比較的簡単に得ることができるラプラス変換によれば，過渡応答を比較的簡単に把握することができる。

〔3〕 **畳込み積分**　時間 $t \geqq 0$ で定義された時間関数 $u(t), y(t), g(t)$ を考える。この三つの時間関数は，次の積分関係を有するものとする。

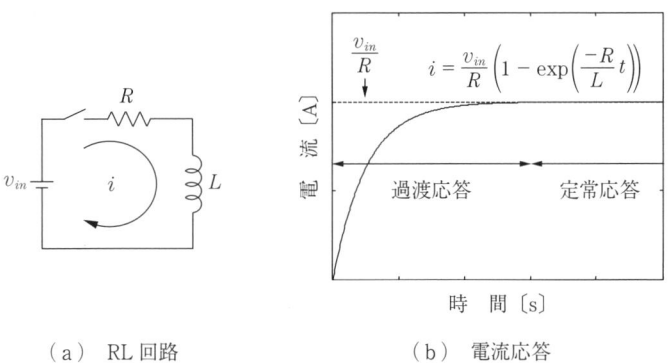

（a）RL回路　　　　　（b）電流応答

図2.2　RL回路と電流応答

$$y(t) = \int_0^t g(t-\tau)u(\tau)d\tau \tag{2.2a}$$

上式の積分は，畳込み積分と呼ばれる．

ここで，三つの時間関数のラプラス変換を $U(s), Y(s), G(s)$ とする．式(2.2a)の関係は，次の関係に変換される（後掲の式(2.29)，(2.30)を参照）．

$$Y(s) = G(s)U(s) \tag{2.2b}$$

すなわち，畳込み積分の関係は，単なる積の関係へ変換される．

制御対象，制御器，制御システムなどにおける入力，出力を，おのおの，$u(t), y(t)$ とするとき，入出力の関係は式(2.2a)の畳込み積分として表現される（詳細は 3.1 節で説明）．この関係は，過渡応答，定常応答を問わず成立する．入出力関係が，式(2.2b)の積として表現されるラプラス変換表現を利用することにより，制御システムの解析・設計は格段に簡単となる．

〔4〕 **周波数領域での解析** 式(2.2a)の関係は時間領域での関係である．一方，式(2.2b)における変数 $s$ は複素数であり，式(2.2b)は複素領域での関係である．特に，$s = j\omega$ と置換する場合には，式(2.2b)は複素平面虚軸上の関係，すなわち周波数領域の関係を示すことになる（詳細は 6 章で説明）．このように，ラプラス変換を利用することにより，制御システムの周波数領域での解析をただちに行うことができる．

## 2.2 ラプラス変換

### 2.2.1 ラプラス変換の定義

時間 $t \geqq 0$ で定義された時間関数 $f(t)$ を考える．$f(t)$ は，各時刻において，単一の値をもつものとする．次の式(2.3)の関係を満足するとき，$f(t)$ は，実数 $\sigma_0$ に関し絶対収束（absolutely convergent）であるといわれる．

$$\int_0^\infty |f(t)|e^{-\sigma_0 t}dt < \infty \tag{2.3}$$

式(2.3)の時間関数 $f(t)$ に対し，このラプラス変換（厳密には，"one-sided

Laplace transform"と呼ばれる）$F(s)$ を以下のように定義する。

$$F(s) = \mathcal{L}\{f(t)\} = \int_0^\infty f(t)e^{-st}dt \tag{2.4}$$

ここに，$\mathcal{L}\{\cdot\}$ はラプラス変換の遂行を意味し，$s$ は次の関係を満足する複素数であり，ラプラス演算子（Laplace operator）と呼ばれる。

$$s = \sigma + j\omega \quad ; \sigma > \sigma_0 \tag{2.5}$$

ラプラス変換の定義域は，厳密には，式(2.5)で定義された複素領域に限られる。しかし，応用に際しては，解析接続（analytical continuation）の概念を利用して，定義域を，$|F(s)| = \infty$ となる特異点（極）を除く全複素領域へと拡張している（後述の2.3.1項の脚注を参照）。

複素関数 $F(s)$ の時間関数 $f(t)$ への変換はラプラス逆変換と呼ばれ，本変換は，式(2.4)より，以下のように記述される。

$$f(t) = \mathcal{L}^{-1}\{F(s)\} = \frac{1}{2\pi j}\int_{\sigma_1 - j\infty}^{\sigma_1 + j\infty} F(s)e^{st}ds \quad ; \sigma_1 > \sigma_0 \tag{2.6}$$

式(2.6)における $\mathcal{L}^{-1}\{\cdot\}$ はラプラス逆変換の遂行を意味し，同式の $\sigma_0$ は式(2.3)，(2.5)のものと同一である。なお，$f(t)$ と $F(s)$ はおのおの原関数（original function），像関数（image function）とも呼ばれ，両者はラプラス変換対とも呼ばれる。また，本変換対は簡単に $f(t) \leftrightarrow F(s)$ と表現することもある。

### 2.2.2 ラプラス変換の性質

以下に，ラプラス変換の有用な性質を定理として整理しておく。なお，時間 $t \geq 0$ で定義された時間関数 $f_1(t), f_2(t)$ のラプラス変換を，おのおの，$F_1(s)$，$F_2(s)$ と表現し，$a, b, T$ は定数とする。

【線形定理（linear transformation theorem）】

$$a f_1(t) + b f_2(t) \leftrightarrow a F_1(s) + b F_2(s) \tag{2.7}$$

【スケーリング定理（scaling theorem）】

$$f(at) \leftrightarrow \frac{1}{a} F\left(\frac{s}{a}\right) \quad ; a > 0 \tag{2.8}$$

⟨証明⟩
$$\mathcal{L}\{f(at)\} = \int_0^\infty f(at)e^{-st}dt \tag{2.9a}$$

$at = \tau$ と置換すると，上式は
$$\mathcal{L}\{f(at)\} = \frac{1}{a}\int_0^\infty f(\tau)e^{-s\tau/a}d\tau = \frac{1}{a}F\left(\frac{s}{a}\right) \tag{2.9b}$$

◇

【時間推移定理 (time shift theorem)】
$$f(t-T) \leftrightarrow e^{-Ts}F(s) \quad ; T \geq 0 \tag{2.10}$$

⟨証明⟩
$$\mathcal{L}\{f(t-T)\} = \int_0^\infty f(t-T)e^{-st}dt = e^{-sT}\int_0^\infty f(t-T)e^{-s(t-T)}dt \tag{2.11a}$$

$t - T = \tau$ と置換し，$f(t) = 0; t < 0$ を考慮すると，上式は
$$\mathcal{L}\{f(t-T)\} = e^{-sT}\int_{-T}^\infty f(\tau)e^{-s\tau}d\tau$$
$$= e^{-sT}\int_0^\infty f(\tau)e^{-s\tau}d\tau = e^{-sT}F(s) \tag{2.11b}$$

◇

【複素推移定理 (complex shift theorem)】
$$e^{-at}f(t) \leftrightarrow F(s+a) \tag{2.12}$$

⟨証明⟩
$$\mathcal{L}\{e^{-at}f(t)\} = \int_0^\infty e^{-at}f(t)e^{-st}dt$$
$$= \int_0^\infty f(t)e^{-(s+a)t}dt = F(s+a) \tag{2.13}$$

◇

【時間微分定理 (time differentiation theorem)】
$$\frac{d}{dt}f(t) \leftrightarrow sF(s) - f(0_+) \tag{2.14a}$$

$$f(0_+) = \lim_{t \to 0} f(t) \quad ; t > 0 \tag{2.14b}$$

一般に

$$f^{(n)}(t) \leftrightarrow s^n F(s) - \sum_{k=1}^{n} s^{n-k} f^{(k-1)}(0_+) \tag{2.15a}$$

$$f^{(n)}(t) = \frac{d^n}{dt^n} f(t) \tag{2.15b}$$

$$f^{(n)}(0_+) = \lim_{t \to 0} f^{(n)}(t) \quad ; t > 0 \tag{2.15c}$$

〈証明〉

定義式に部分積分を用いると

$$\begin{aligned}\mathscr{L}\left\{\frac{d}{dt} f(t)\right\} &= \int_0^\infty \left(\frac{d}{dt} f(t)\right) e^{-st} dt \\ &= f(t) e^{-st}\Big|_0^\infty - \int_0^\infty f(t)(-se^{-st}) dt = -f(0_+) + sF(s)\end{aligned} \tag{2.16}$$

2 階微分信号のラプラス変換は，式(2.14)の関係を繰返し利用すると式(2.17)となる。

$$\begin{aligned}\mathscr{L}\left\{\frac{d^2}{dt^2} f(t)\right\} &= s\mathscr{L}\{f^{(1)}(t)\} - f^{(1)}(0_+) \\ &= s^2 F(s) - sf(0_+) - f^{(1)}(0_+)\end{aligned} \tag{2.17}$$

同様にして，$n$ 階の時間微分信号に関しては，式(2.15)を得る。

◇

式(2.14b)の初期値の意味を補足説明しておく。図2.3の時間信号 $f(t)$ を考える。時刻 $t=0$ では同信号 $f(0)$ は不連続であり，負側の時刻から見た時刻 ($t<0\to 0_-$) での値 $f(0_-)$ と，正側の時刻から見た時刻 ($t>0\to 0_+$) での値 $f(0_+)$ とは異なる。式(2.14b)は，不連続な $f(0)$ に対し，正側の時刻から見

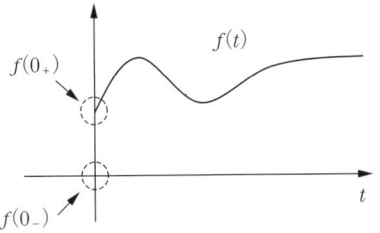

図2.3 初期値の意味

た値すなわち初期値を意味している。

【時間積分定理 (time integration theorem)】

$$\int_0^t f(\tau)d\tau \;\leftrightarrow\; \frac{1}{s}F(s) \tag{2.18}$$

〈証明〉

定義式に部分積分を用いると

$$\mathcal{L}\left\{\int_0^t f(\tau)d\tau\right\} = \int_0^\infty \left(\int_0^t f(\tau)d\tau\right)e^{-st}dt$$

$$= \left(\int_0^t f(\tau)d\tau\right)\frac{-e^{-st}}{s}\bigg|_0^\infty + \frac{1}{s}\int_0^\infty f(t)e^{-st}dt = \frac{1}{s}F(s) \tag{2.19}$$

◇

【複素微分定理 (complex differentiation theorem)】

$$tf(t) \;\leftrightarrow\; -\frac{dF(s)}{ds} \tag{2.20}$$

一般に

$$t^n f(t) \;\leftrightarrow\; (-1)^n \frac{d^n F(s)}{ds^n} \tag{2.21}$$

〈証明〉

$$\frac{dF(s)}{ds} = \frac{d}{ds}\int_0^\infty f(t)e^{-st}dt$$

$$= \int_0^\infty f(t)\left(\frac{d}{ds}e^{-st}\right)dt = -\int_0^\infty tf(t)e^{-st}dt \tag{2.22}$$

式(2.21)の証明も同様である。

◇

【複素積分定理 (complex integration theorem)】

$$\frac{f(t)}{t} \;\leftrightarrow\; \int_s^\infty F(x)dx \tag{2.23}$$

〈証明〉

$$\int_s^\infty F(x)dx = \int_s^\infty \left(\int_0^\infty f(t)e^{-xt}dt\right)dx = \int_0^\infty f(t)\left(\int_s^\infty e^{-xt}dx\right)dt$$

$$= \int_0^\infty \frac{f(t)}{t} e^{-st} dt \qquad (2.24\mathrm{a})$$

$$\because \int_s^\infty e^{-xt} dx = \frac{-1}{t} e^{-xt} \bigg|_s^\infty = \frac{e^{-st}}{t} \qquad (2.24\mathrm{b})$$

◇

**【初期値定理 (initial-value theorem)】**

$$f(0_+) = \lim_{t \to 0} f(t) = \lim_{s \to \infty} sF(s) \qquad ; t > 0 \qquad (2.25)$$

〈証明〉

式(2.14)の時間微分定理より

$$\lim_{s \to \infty}(sF(s) - f(0_+)) = \lim_{s \to \infty}\left(\int_0^\infty \left(\frac{d}{dt} f(t)\right) e^{-st} dt\right)$$

$$= \int_0^\infty \left(\frac{d}{dt} f(t)\right)\left(\lim_{s \to \infty} e^{-st}\right) dt = \int_0^\infty \left(\frac{d}{dt} f(t)\right) \cdot 0 \, dt = 0 \qquad (2.26)$$

◇

**【最終値定理 (final-value theorem)】**

$$f(\infty) = \lim_{t \to \infty} f(t) = \lim_{s \to 0} sF(s) \qquad (2.27)$$

〈証明〉

式(2.14)の時間微分定理より

$$\lim_{s \to 0}(sF(s) - f(0_+)) = \lim_{s \to 0}\left(\int_0^\infty \left(\frac{d}{dt} f(t)\right) e^{-st} dt\right)$$

$$= \int_0^\infty \left(\frac{d}{dt} f(t)\right)\left(\lim_{s \to 0} e^{-st}\right) dt = \int_0^\infty \left(\frac{d}{dt} f(t)\right) dt$$

$$= f(t)\big|_0^\infty = f(\infty) - f(0_+) \qquad (2.28)$$

◇

**【時間畳込み定理 (time convolution theorem)】**

$$\int_0^t f_1(t - \tau) f_2(\tau) d\tau \quad \leftrightarrow \quad F_1(s) F_2(s) \qquad (2.29)$$

〈証明〉

$f_1(t) = 0 ; t < 0$ であることに注意し，$e^{-st} = e^{-s\tau} e^{-s(t-\tau)}$ と分割すると

$$\mathscr{L}\left\{\int_0^t f_1(t-\tau)f_2(\tau)d\tau\right\} = \int_0^\infty \left(\int_0^t f_1(t-\tau)f_2(\tau)d\tau\right)e^{-st}dt$$

$$= \int_0^\infty f_2(\tau)e^{-s\tau}\left(\int_0^\infty f_1(t-\tau)e^{-s(t-\tau)}dt\right)d\tau$$

$$= F_1(s)\int_0^\infty f_2(\tau)e^{-s\tau}d\tau = F_1(s)F_2(s) \quad (2.30\text{a})$$

$$\because \int_0^\infty f_1(t-\tau)e^{-s(t-\tau)}dt = \int_{-\tau}^\infty f_1(x)e^{-sx}dx$$

$$= \int_0^\infty f_1(x)e^{-sx}dx = F_1(s) \quad (2.30\text{b})$$

◇

【複素畳込み定理 (complex convolution theorem)】

$$f_1(t)f_2(t) \leftrightarrow \frac{1}{2\pi j}\int_{\sigma_1-j\infty}^{\sigma_1+j\infty} F_1(s-x)F_2(x)dx \quad (2.31)$$

〈証明〉

$$\mathscr{L}\{f_1(t)f_2(t)\} = \int_0^\infty f_1(t)f_2(t)e^{-st}dt$$

$$= \frac{1}{2\pi j}\int_0^\infty f_1(t)\left(\int_{\sigma_1-j\infty}^{\sigma_1+j\infty} F_2(x)e^{xt}dx\right)e^{-st}dt$$

$$= \frac{1}{2\pi j}\int_{\sigma_1-j\infty}^{\sigma_1+j\infty}\left(\int_0^\infty f_1(t)e^{-(s-x)t}dt\right)F_2(x)dx$$

$$= \frac{1}{2\pi j}\int_{\sigma_1-j\infty}^{\sigma_1+j\infty} F_1(s-x)F_2(x)dx \quad (2.32)$$

◇

【周期定理 (periodicity theorem)】

時間 $0 \leqq t < T$ である値をもち，$t \geqq T$ ではゼロをもつ時間関数 $f'(t)$ を考える。周期 $T$ をもつ周期関数 $f(t)$ として，前記 $f'(t)$ を用いた次のものを考える（図2.4参照）。

$$f(t) = \sum_{k=0}^\infty f'(t-kT) \quad (2.33)$$

$f'(t), F'(s)$ をラプラス変換対とするとき，次の関係が成立する。

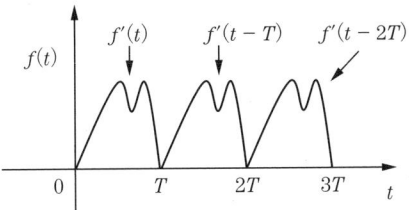

図2.4 周期関数の一例

$$f(t) \leftrightarrow F(s) = \frac{F'(s)}{1 - e^{-Ts}} \quad (2.34)$$

〈証明〉

$$\mathcal{L}\{f(t)\} = \mathcal{L}\left\{\sum_{k=0}^{\infty} f'(t - kT)\right\} = \sum_{k=0}^{\infty} \mathcal{L}\{f'(t - kT)\}$$

$$= \sum_{k=0}^{\infty} e^{-kTs} F'(s) = \sum_{k=0}^{\infty} (e^{-Ts})^k \cdot F'(s) = \frac{F'(s)}{1 - e^{-Ts}} \quad (2.35)$$

### 2.2.3 基本関数のラプラス変換

〔1〕 基 本 関 数　代表的な時間信号のラプラス変換を示しておく。

1) デルタ関数 (delta function)　次式で定義されたパルス関数 $\delta_\tau(t)$ を考える（図2.5(a)参照）。

$$\delta_\tau(t) = \begin{cases} \dfrac{1}{\delta\tau} & ; 0 \leq t \leq \delta\tau \\ 0 & ; t > \delta\tau \end{cases} \quad (2.36)$$

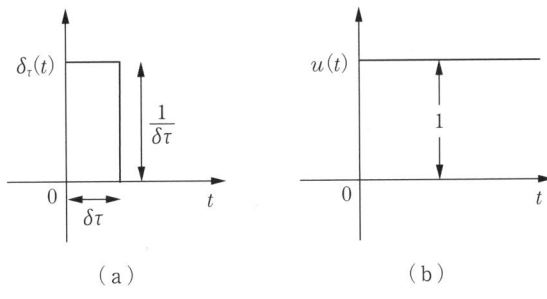

図2.5 パルス関数と単位ステップ関数

パルス関数 $\delta_\tau(t)$ の期間 $0 \leq t \leq \delta_\tau$ での積分値は 1 である。$\delta_\tau(t)$ を用いて，デルタ関数 $\delta(t)$ を以下のように定義する。

$$\delta(t) = \lim_{\delta\tau \to 0} \delta_\tau(t) \tag{2.37}$$

デルタ関数に関しては，次の性質が成立する。

$$\int_0^\infty \delta(t-T)f(t)dt = \lim_{\delta\tau \to 0} \int_0^\infty \delta_\tau(t-T)f(t)dt = f(T) \tag{2.38}$$

式(2.38)を利用すると，デルタ関数のラプラス変換は，次式となる。

$$\mathcal{L}\{\delta(t)\} = \int_0^\infty \delta(t)e^{-st}dt = e^0 = 1 \tag{2.39}$$

2）**単位ステップ関数**（unit step function）　次式で定義された単位ステップ関数を考える（図2.5(b)参照）。

$$u(t) = \int_0^t \delta(\tau)d\tau = 1 \quad ; t \geq 0 \tag{2.40}$$

単位ステップ関数のラプラス変換は，式(2.39)に時間積分定理を適用すると，次式となる。

$$\mathcal{L}\{u(t)\} = \frac{1}{s} \tag{2.41}$$

3）**$n$ 次関数**（$n$-th order polynomial）　式(2.41)に複素微分定理を適用すると，$n$ 次関数のラプラス変換を次のように得る。

$$\mathcal{L}\left\{\frac{t^n}{n!}\right\} = \frac{1}{s^{n+1}} \tag{2.42}$$

4）**指数関数**（exponential function）　式(2.42)に複素推移定理を適用すると，指数関数のラプラス変換を次のように得る。

$$\mathcal{L}\left\{\frac{t^n}{n!}e^{-at}\right\} = \frac{1}{(s+a)^{n+1}} \tag{2.43}$$

ただし，$0! = 1$ である。

5）**正弦関数**（sinusoidal function）　正弦・余弦関数のラプラス変換は，式(2.43)を利用すると次のように得る。

$$\mathcal{L}\{\sin \omega t\} = \mathcal{L}\left\{\frac{e^{j\omega t} - e^{-j\omega t}}{2j}\right\} = \frac{1}{2j}\left(\frac{1}{s-j\omega} - \frac{1}{s+j\omega}\right) = \frac{\omega}{s^2+\omega^2}$$

$$\mathcal{L}\{\cos \omega t\} = \mathcal{L}\left\{\frac{e^{j\omega t} + e^{-j\omega t}}{2}\right\} = \frac{1}{2}\left(\frac{1}{s - j\omega} + \frac{1}{s + j\omega}\right) = \frac{s}{s^2 + \omega^2} \tag{2.44a}$$

$$\tag{2.44b}$$

〔2〕 **応用関数**　応用的な信号のラプラス変換対を以下に課題†として示しておくので，読者は証明を試みられたい。

**課題 2.1**

（1） パルス関数

$$\delta_\tau(t) = \frac{1}{\delta\tau}\left(u(t) - u(t - \delta\tau)\right) \quad \leftrightarrow \quad \frac{1}{\delta\tau} \cdot \frac{1 - e^{-\delta\tau s}}{s} \tag{2.45}$$

（2） 指数正弦関数 I

$$e^{-at}\sin \omega t \quad \leftrightarrow \quad \frac{\omega}{(s + a)^2 + \omega^2} \tag{2.46a}$$

$$e^{-at}\cos \omega t \quad \leftrightarrow \quad \frac{(s + a)}{(s + a)^2 + \omega^2} \tag{2.46b}$$

（3） 指数正弦関数 II

$$te^{-at}\sin \omega t \quad \leftrightarrow \quad \frac{2\omega(s + a)}{((s + a)^2 + \omega^2)^2} \tag{2.47a}$$

$$te^{-at}\cos \omega t \quad \leftrightarrow \quad \frac{(s + a)^2 - \omega^2}{((s + a)^2 + \omega^2)^2} \tag{2.47b}$$

（4） 双曲線関数

$$\sinh at = \frac{e^{at} - e^{-at}}{2} \quad \leftrightarrow \quad \frac{a}{s^2 - a^2} \tag{2.48a}$$

$$\cosh at = \frac{e^{at} + e^{-at}}{2} \quad \leftrightarrow \quad \frac{s}{s^2 - a^2} \tag{2.48b}$$

（5） **周期矩形信号**　式(2.33)に定義された周期関数において，1 周期分の関数 $f'(t)$ を次式とする（次ページの図 2.6 参照）。

---

† 本書では，上の例のように適所に課題を設けている。課題内容は，理解力の向上，解答の有用性などを考慮し厳選している。読書は課題に挑戦されたい。

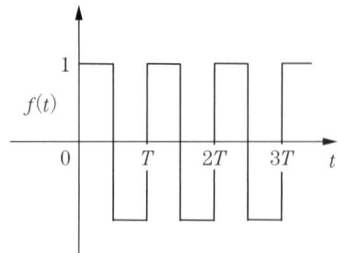

図 2.6 周期矩形関数

$$f'(t) = u(t) - 2u\left(t - \frac{T}{2}\right) + u(t - T) \tag{2.49a}$$

このとき

$$f(t) \leftrightarrow \frac{F'(s)}{1 - e^{-Ts}} = \frac{(1 - e^{-Ts/2})^2}{(1 - e^{-Ts})s} \tag{2.49b}$$

**課題 2.2**　$a > 0$ を条件に式(2.46b)の指数正弦関数を用いて，初期値定理，最終値定理を確認せよ．

## 2.3　ラプラス逆変換

### 2.3.1　部分分数展開によるラプラス逆変換

**〔1〕一般的な場合**　$F(s)$ のラプラス逆変換の遂行は，当然のことながら，式(2.6)の定義式に直接的に従い行うことができる．しかし，$F(s)$ が，二つの多項式（polynomial）による有理関数（rational function）すなわち有理多項式（rational polynomial）として記述される場合には，2.2.2項で説明したラプラス変換の諸性質と2.2.3項で説明した基本関数のラプラス変換とを活用し，$F(s)$ のラプラス逆変換を遂行するのが簡単であり，実際的である．

$F(s)$ として，次の有理多項式を考える．

$$F(s) = \frac{B(s)}{A(s)} = \frac{b_n s^n + b_{n-1} s^{n-1} + \cdots + b_0}{s^n + a_{n-1} s^{n-1} + a_{n-2} s^{n-2} + \cdots + a_0} \tag{2.50}$$

上式の分母多項式 $A(s)$ は特性多項式（characteristic polynomial）と呼ばれ，これをゼロとおいた次式は特性方程式（characteristic equation）と呼ばれ，

## 2.3 ラプラス逆変換

その根は特性根(characteristic root)あるいは極(pole)と呼ばれる[†1,†2]。

$$A(s) = s^n + a_{n-1}s^{n-1} + a_{n-2}s^{n-2} + \cdots + a_0 = 0 \tag{2.51}$$

$A(s)$ は $n$ 個の根をもち,以下のように因数分解することができる。

$$A(s) = (s+p_1)^{m_1}(s+p_2)^{m_2}\cdots(s+p_r)^{m_r}$$

$$= \prod_{i=1}^{r}(s+p_i)^{m_i} \quad ; n = \sum_{i=1}^{r} m_i \tag{2.52}$$

式(2.52)は,$i$ 番目の特性根 $s = -p_i$ が $m_i$ 重根をもつことを意味しており,式(2.50)は以下のように部分分数展開(partial fraction expansion)される。

$$F(s) = \frac{B(s)}{A(s)} = b_n + \sum_{i=1}^{r}\sum_{k=1}^{m_i} \frac{c_{ik}}{(s+p_i)^k} \tag{2.53}$$

上の部分分数展開表現においては,分子はゼロ次の一定係数である点に注意されたい。$F(s)$ のラプラス逆変換は,式(2.53)に式(2.43)を適用するとただちに求められる。すなわち

$$f(t) = \mathcal{L}^{-1}\{F(s)\} = b_n\delta(t) + \sum_{i=1}^{r}\sum_{k=1}^{m_i} \frac{c_{ik}}{(k-1)!} t^{k-1} e^{-p_i t} \tag{2.54}$$

〔2〕 **単根のみの場合** $A(s)$ の $n$ 個の特性根が異なる単根の場合には(すなわち $m_i = 1$ の場合には),$F(s)$ は次式のように展開される。

$$F(s) = \frac{B(s)}{A(s)} = b_n + \sum_{i=1}^{n} \frac{c_{i1}}{s+p_i}$$

$$= b_n + \frac{c_{11}}{s+p_1} + \frac{c_{21}}{s+p_2} + \cdots + \frac{c_{n1}}{s+p_n} \tag{2.55}$$

したがって,$F(s)$ のラプラス逆変換は,式(2.55)に式(2.43)を適用するとただちに求められる。すなわち

---

[†1] 一般に多項式の根は,零点(zero)あるいは零と呼ばれる。したがって,式(2.50)の分子多項式 $B(s)$ の根は,零点である。元来,零点は $F(s) = 0$,$B(s) = 0$ を与える根を意味する。これに対して,極(pole)は $F(s) = \infty$ を与える根を意味する。分母多項式 $A(s)$ の根に限って極と呼ばれる。極と特性根(characteristic root)は同義である。

[†2] 分母多項式の次数(order)を $n$ とし,分子多項式の次数を $m$ とするとき,両多項式の次数差 $(n-m)$ は,相対次数(relative order)と呼ばれる。また,$(n-m) \geq 0$ の有理多項式はプロパー(proper)と呼ばれ,$(n-m) > 0$ の有理多項式は厳にプロパー(strictly proper)と呼ばれる。

$$f(t) = \mathcal{L}^{-1}\{F(s)\} = b_n \delta(t) + \sum_{i=1}^{n} c_{i1} e^{-p_i t}$$

$$= b_n \delta(t) + c_{11} e^{-p_1 t} + c_{21} e^{-p_2 t} + \cdots + c_{n1} e^{-p_n t} \quad (2.56)$$

〔3〕 **$n$ 重根のみの場合** $A(s)$ の特性根が単一の $n$ 重根の場合には（すなわち $r=1$ の場合には），$F(s)$ は次式のように展開される。

$$F(s) = \frac{B(s)}{A(s)} = b_n + \sum_{k=1}^{n} \frac{c_{1k}}{(s+p_1)^k}$$

$$= b_n + \frac{c_{11}}{s+p_1} + \frac{c_{12}}{(s+p_1)^2} + \cdots + \frac{c_{1n}}{(s+p_1)^n} \quad (2.57)$$

したがって，$F(s)$ のラプラス逆変換は，式(2.57)に式(2.43)を適用するとただちに求められる。すなわち

$$f(t) = \mathcal{L}^{-1}\{F(s)\} = b_n \delta(t) + \sum_{k=1}^{n} \frac{c_{1k}}{(k-1)!} t^{k-1} e^{-p_1 t}$$

$$= b_n \delta(t) + c_{11} e^{-p_1 t} + c_{12} t e^{-p_1 t} + \cdots + \frac{c_{1n}}{(n-1)!} t^{n-1} e^{-p_1 t}$$

$$(2.58)$$

### 2.3.2 部分分数展開法

〔1〕 **概　　要** 有理多項式 $F(s)$ が式(2.53)のように部分分数展開できれば，このラプラス逆変換は，式(2.54)としてただちに求めることができる。問題は，部分分数展開における係数の決定にある。本決定法としては，未定係数法，ヘビサイド（Heaviside）の展開定理，これらを混合した方法がある。以下に，有理多項式として次のものを考え，これらの概要を示す。

$$F(s) = \frac{6}{(s+1)(s+3)} = \frac{c_1}{s+1} + \frac{c_2}{s+3} \quad (2.59)$$

1) **未定係数法** 未定係数法は，式(2.59)両辺の分子多項式の各次数係数を等置して連立方程式を構成し，本方程式の求解を通じ，係数 $c_i$ を求めるものである。本連立方程式は，以下のように構成される。

$$\frac{6}{(s+1)(s+3)} = \frac{c_1(s+3) + c_2(s+1)}{(s+1)(s+3)} = \frac{(c_1+c_2)s + (3c_1+c_2)}{(s+1)(s+3)}$$

$$c_1 + c_2 = 0, \quad 3c_1 + c_2 = 6 \tag{2.60b}$$

式(2.60b)の連立方程式を求解すると，$[c_1 \quad c_2] = [3 \quad -3]$ を得る．

2） ヘビサイドの方法　　式(2.59)の両辺に $(s+1)$ を乗じると

$$(s+1)F(s) = \frac{6}{s+3} = c_1 + \frac{c_2(s+1)}{s+3} \tag{2.61a}$$

上の等式はすべての $s$ で成立するので，この第2辺と第3辺を $s = -1$ で評価すると

$$c_1 = c_1 + \left.\frac{c_2(s+1)}{s+3}\right|_{s=-1} = \left.\frac{6}{s+3}\right|_{s=-1} = 3 \tag{2.61b}$$

同様に，式(2.59)の両辺に $(s+3)$ を乗じると

$$(s+3)F(s) = \frac{6}{s+1} = \frac{c_1(s+3)}{s+1} + c_2 \tag{2.62a}$$

この第2辺と第3辺を $s = -3$ で評価すると

$$c_2 = \left.\frac{c_1(s+3)}{s+1} + c_2\right|_{s=-3} = \left.\frac{6}{s+1}\right|_{s=-3} = -3 \tag{2.62b}$$

3） 混　合　法　　式(2.60a)の第1辺と第2辺との分子を等置すると

$$6 = c_1(s+3) + c_2(s+1) \tag{2.63a}$$

上の等式関係はすべての $s$ で成立するので，この両辺を $s = -1$ と $s = -3$ で評価すると

$$\left.\begin{array}{l} 6 = c_1(s+3) + c_2(s+1)|_{s=-1} = 2c_1 \\ 6 = c_1(s+3) + c_2(s+1)|_{s=-3} = -2c_2 \end{array}\right\} \tag{2.63b}$$

上式より，ただちに $[c_1 \quad c_2] = [3 \quad -3]$ を得る．

〔2〕 ヘビサイドの展開定理

【展開定理】

式(2.53)の係数は，次式より与えられる．

$$c_{ik} = \frac{1}{(m_i - k)!} \cdot \left.\frac{d^{m_i - k}}{ds^{m_i - k}}\left((s + p_i)^{m_i} F(s)\right)\right|_{s = -p_i} \tag{2.64}$$

〈証明〉

簡単のため，$n$ 個の特性根が異なる単根の場合（式(2.55)の場合）と，単一の $n$ 重根の場合（式(2.57)の場合）とに分けて証明を行う．

1) 単根の場合

式(2.55)の両辺に $(s + p_i)$ を乗じ，$s = -p_i$ で評価すると

$$(s + p_i)F(s)\Big|_{s=-p_i} = b_n(s + p_i) + \sum_{j=1}^{n} \frac{c_{j1}(s + p_i)}{s + p_j}\Big|_{s=-p_i} = c_{i1} \quad (2.65)$$

2) 重根の場合

式(2.57)の両辺に $(s + p_1)^n$ を乗じると

$$(s + p_1)^n F(s) = b_n(s + p_1)^n + \sum_{j=1}^{n} c_{1j}(s + p_1)^{n-j}$$

上式の両辺を $(n - k)$ 回微分し，$s = -p_1$ で評価すると

$$\frac{d^{n-k}}{ds^{n-k}}\left((s + p_1)^n F(s)\right)\Big|_{s=-p_1}$$
$$= \frac{d^{n-k}}{ds^{n-k}}\left(b_n(s + p_1)^n + \sum_{j=1}^{n} c_{1j}(s + p_1)^{n-j}\right)\Big|_{s=-p_1} = (n - k)!c_{1k} \quad (2.66)$$

◇

単根の場合の係数は式(2.65)に代わり，以下のように求めてもよい．

$$c_{i1} = \frac{B(s)}{\dfrac{d}{ds}A(s)}\Bigg|_{s=-p_i} \quad (2.67)$$

上式の妥当性は，式(2.65)にロピタルの定理を適用することにより，以下のように証明される．

$$c_{i1} = (s + p_i)F(s)\Big|_{s=-p_i} = \frac{(s + p_i)B(s)}{A(s)}\Bigg|_{s=-p_i}$$
$$= \frac{\dfrac{d}{ds}\left((s + p_i)B(s)\right)}{\dfrac{d}{ds}A(s)}\Bigg|_{s=-p_i} = \frac{B(s)}{\dfrac{d}{ds}A(s)}\Bigg|_{s=-p_i} \quad (2.68)$$

### 2.3.3 ラプラス逆変換の例

本項では,ラプラス逆変換の理解を深めるべく,この数例を示しておく。

1) $F(s) = \dfrac{1}{s(s+1)(s+2)}$

$$f(t) = \mathcal{L}^{-1}\{F(s)\} = \mathcal{L}^{-1}\left\{\dfrac{0.5}{s} - \dfrac{1}{s+1} + \dfrac{0.5}{s+2}\right\}$$

$$= 0.5 - e^{-t} + 0.5e^{-2t}$$

2) $F(s) = \dfrac{1}{s(s+1)^2}$

$$f(t) = \mathcal{L}^{-1}\{F(s)\} = \mathcal{L}^{-1}\left\{\dfrac{1}{s} - \dfrac{1}{s+1} - \dfrac{1}{(s+1)^2}\right\}$$

$$= 1 - e^{-t} - t\,e^{-t} = 1 - e^{-t}(1+t)$$

あるいは,特性多項式が $s$ 項を独立に有しているので,時間積分定理の利用を考えて

$$f(t) = \mathcal{L}^{-1}\{F(s)\} = \int_0^t \mathcal{L}^{-1}\left\{\dfrac{1}{(s+1)^2}\right\}d\tau = \int_0^t \tau e^{-\tau}d\tau = 1 - e^{-t}(1+t)$$

3) $F(s) = \dfrac{s+2}{s(s+1)^3}$

$$f(t) = \mathcal{L}^{-1}\{F(s)\} = \mathcal{L}^{-1}\left\{\dfrac{2}{s} - \dfrac{2}{s+1} - \dfrac{2}{(s+1)^2} - \dfrac{1}{(s+1)^3}\right\}$$

$$= 2 - 2e^{-t} - 2te^{-t} - 0.5t^2 e^{-t} = 2 - e^{-t}(2 + 2t + 0.5t^2)$$

4) $F(s) = \dfrac{5s+14}{s^2+4s+13}$

特性根が複素数である点を考慮して

$$f(t) = \mathcal{L}^{-1}\{F(s)\} = \mathcal{L}^{-1}\left\{\dfrac{5(s+2)+4}{(s+2)^2+3^2}\right\}$$

$$= 5\mathcal{L}^{-1}\left\{\dfrac{(s+2)}{(s+2)^2+3^2}\right\} + \dfrac{4}{3}\mathcal{L}^{-1}\left\{\dfrac{3}{(s+2)^2+3^2}\right\}$$

$$= 5e^{-2t}\cos 3t + \dfrac{4}{3}e^{-2t}\sin 3t = e^{-2t}\left(5\cos 3t + \dfrac{4}{3}\sin 3t\right)$$

5) $F(s) = \dfrac{5}{s(s^2+25)}$

2次の特性根が虚数である点を考慮して

$$f(t) = \mathcal{L}^{-1}\{F(s)\} = \mathcal{L}^{-1}\left\{\dfrac{1}{5}\left(\dfrac{1}{s} - \dfrac{s}{s^2+25}\right)\right\} = \dfrac{1}{5}(1-\cos 5t)$$

あるいは，特性多項式が $s$ 項を独立に有しているので，時間積分定理の利用を考えて

$$f(t) = \mathcal{L}^{-1}\{F(s)\} = \int_0^t \mathcal{L}^{-1}\left\{\dfrac{5}{s^2+25}\right\}d\tau$$

$$= \int_0^t \sin 5\tau\, d\tau = \dfrac{1}{5}(1-\cos 5t)$$

## 2.4 線形微分方程式の求解

### 2.4.1 線形常微分方程式

〔1〕 **直接的な解法**　任意形状の絶対収束信号 $u(t)\,;\,t \geqq 0$ と定係数をもつ次の微分方程式を考える．

$$\sum_{i=0}^{n} a_i \dfrac{d^i}{dt^i} y(t) = \sum_{i=0}^{n} b_i \dfrac{d^i}{dt^i} u(t) \qquad ;a_n = 1 \tag{2.69}$$

上式の両辺を，式(2.15)の時間微分定理を用いて，ラプラス変換すると

$$\sum_{i=0}^{n} a_i\left(s^i Y(s) - \sum_{k=1}^{i} s^{i-k} y^{(k-1)}(0_+)\right) = \sum_{i=0}^{n} b_i\left(s^i U(s) - \sum_{k=1}^{i} s^{i-k} u^{(k-1)}(0_+)\right) \tag{2.70}$$

ただし，$Y(s), U(s)$ はおのおの $y(t), u(t)$ のラプラス変換である．

式(2.70)を $Y(s)$ について整理すると

$$Y(s) = \dfrac{B(s)}{A(s)}U(s) + \dfrac{C(s)}{A(s)} \tag{2.71a}$$

ただし

$$A(s) = a_n s^n + a_{n-1} s^{n-1} + a_{n-2} s^{n-2} + \cdots + a_0 \tag{2.71b}$$

$$B(s) = b_n s^n + b_{n-1} s^{n-1} + b_{n-2} s^{n-2} + \cdots + b_0 \tag{2.71c}$$

$$C(s) = c_{n-1}s^{n-1} + c_{n-2}s^{n-2} + \cdots + c_0$$
$$= \sum_{i=0}^{n}\sum_{k=1}^{i} a_i s^{i-k} y^{(k-1)}(0_+) - \sum_{i=0}^{n}\sum_{k=1}^{i} b_i s^{i-k} u^{(k-1)}(0_+) \quad (2.71\text{d})$$

式(2.71)の両辺に対してラプラス逆変換をとると，所期の解を以下のように得る．

$$y(t) = \mathcal{L}^{-1}\{Y(s)\} = \mathcal{L}^{-1}\left\{\frac{B(s)}{A(s)} U(s)\right\} + \mathcal{L}^{-1}\left\{\frac{C(s)}{A(s)}\right\} \quad (2.72)$$

〔2〕 求解の例

1） 図2.2(a)のRL回路を考える．時刻 $t=0$ にスイッチをオンし通電した場合の電流応答を求める．まず，本回路に関しては，次の回路方程式が成立する．

$$v_{in} = Ri(t) + L\frac{d}{dt}i(t) \quad ; v_{in} = \text{const}, \ i(0_+) = 0 \quad (2.73\text{a})$$

または

$$i(t) + \frac{L}{R}\cdot\frac{d}{dt}i(t) = \frac{v_{in}}{R} \quad ; v_{in} = \text{const}, \ i(0_+) = 0$$

上式の両辺のラプラス変換をとり，$i(t)$ のラプラス変換 $I(s)$ について整理すると（あるいは，式(2.70)，(2.71)より）

$$I(s) = \frac{1}{s(Ls+R)} v_{in} = \frac{v_{in}}{R}\cdot\frac{R/L}{s(s+R/L)} = \frac{v_{in}}{R}\left(\frac{1}{s} - \frac{1}{s+R/L}\right)$$

これより

$$i(t) = \mathcal{L}^{-1}\{I(s)\} = \frac{v_{in}}{R}\left(1 - \exp\left(\frac{-R}{L}t\right)\right) \quad (2.73\text{b})$$

2） $\dfrac{d}{dt}y(t) + ay(t) = 1 \quad ; y(0_+) = 1$

両辺のラプラス変換をとり，$y(t)$ のラプラス変換 $Y(s)$ について整理すると（あるいは，式(2.70)，(2.71)より）

$$sY(s) - 1 + aY(s) = \frac{1}{s}$$

$$Y(s) = \frac{s+1}{s(s+a)} = \frac{1}{a}\left(\frac{1}{s} + \frac{a-1}{s+a}\right)$$

これより
$$y(t) = \mathcal{L}^{-1}\{Y(s)\} = \frac{1}{a}(1 + (a-1)e^{-at})$$

3) $\dfrac{d}{dt}y(t) + ay(t) = \cos t \quad ; y(0_+) = 0$

両辺のラプラス変換をとり，$y(t)$ のラプラス変換 $Y(s)$ について整理すると（あるいは，式(2.70), (2.71)より）

$$sY(s) + aY(s) = \frac{s}{s^2+1}$$

$$Y(s) = \frac{s}{(s+a)(s^2+1)} = \frac{1}{1+a^2}\left(\frac{-a}{s+a} + \frac{as+1}{s^2+1}\right)$$

これより
$$y(t) = \mathcal{L}^{-1}\{Y(s)\} = \frac{1}{1+a^2}(-ae^{-at} + a\cos t + \sin t)$$

4) $\dfrac{d^2}{dt^2}y(t) + 3\dfrac{d}{dt}y(t) + 2y(t) = \dfrac{d}{dt}u(t) + 3u(t)$

$y(0_+) = 1, \quad y^{(1)}(0_+) = 0, \quad u(t) = e^{-4t}$

$u(0_+) = 1$ である点を考慮し，両辺のラプラス変換をとり，$y(t)$ のラプラス変換 $Y(s)$ について整理すると（あるいは，式(2.70), (2.71)より）

$$Y(s) = \frac{1}{s^2+3s+2}\cdot\frac{s+3}{s+4} + \frac{s+3}{s^2+3s+2} - \frac{1}{s^2+3s+2}$$
$$= \frac{5}{3}\cdot\frac{1}{s+1} - \frac{1}{2}\cdot\frac{1}{s+2} - \frac{1}{6}\cdot\frac{1}{s+4}$$

これより
$$y(t) = \mathcal{L}^{-1}\{Y(s)\} = \frac{5}{3}e^{-t} - \frac{1}{2}e^{-2t} - \frac{1}{6}e^{-4t}$$

以下の微分方程式の求解手順は課題とするので，読者は証明を試みられたい。

**課題 2.3**

（1） $\dfrac{d}{dt} y(t) + ay(t) = (1 + a^2)\sin t \quad ; y(0_+) = 0$

解： $y(t) = e^{-at} - \cos t + a \sin t$

（2） $\dfrac{d^2}{dt^2} y(t) + 5\dfrac{d}{dt} y(t) + 4y(t) = 4 \quad ; y(0_+) = 0, \quad y^{(1)}(0_+) = 0$

解： $y(t) = 1 - \dfrac{4}{3} e^{-t} + \dfrac{1}{3} e^{-4t}$

（3） $\dfrac{d^2}{dt^2} y(t) + 3\dfrac{d}{dt} y(t) + 2y(t) = 2 \quad ; y(0_+) = -1, \quad y^{(1)}(0_+) = 0$

解： $y(t) = 1 - 4e^{-t} + 2e^{-2t}$

（4） $\dfrac{d^2}{dt^2} y(t) + 5\dfrac{d}{dt} y(t) + 6y(t) = 6 \quad ; y(0_+) = 3, \quad y^{(1)}(0_+) = 3$

解： $y(t) = 1 + 9e^{-2t} - 7e^{-3t}$

### 2.4.2 連立線形常微分方程式

〔1〕 **直接的な解法**　簡単のため，任意形状の絶対収束信号 $u_1(t), u_2(t)$; $t \geqq 0$ と定係数をもつ次の2連の連立常微分方程式を考える。

$$\sum_{i=0}^{n} a_{11,i} \dfrac{d^i}{dt^i} y_1(t) + \sum_{i=0}^{n} a_{12,i} \dfrac{d^i}{dt^i} y_2(t) = \sum_{i=0}^{n} b_{1,i} \dfrac{d^i}{dt^i} u_1(t) \tag{2.74a}$$

$$\sum_{i=0}^{n} a_{21,i} \dfrac{d^i}{dt^i} y_1(t) + \sum_{i=0}^{n} a_{22,i} \dfrac{d^i}{dt^i} y_2(t) = \sum_{i=0}^{n} b_{2,i} \dfrac{d^i}{dt^i} u_2(t) \tag{2.74b}$$

上式の両辺を，式(2.15)の時間微分定理を用いて，ラプラス変換すると

$$\sum_{i=0}^{n} a_{11,i} \left( s^i Y_1(s) - \sum_{k=1}^{i} s^{i-k} y_1^{(k-1)}(0_+) \right)$$

$$+ \sum_{i=0}^{n} a_{12,i} \left( s^i Y_2(s) - \sum_{k=1}^{i} s^{i-k} y_2^{(k-1)}(0_+) \right)$$

$$= \sum_{i=0}^{n} b_{1,i} \left( s^i U_1(s) - \sum_{k=1}^{i} s^{i-k} u_1^{(k-1)}(0_+) \right) \tag{2.75a}$$

$$\sum_{i=0}^{n} a_{21,i} \left( s^i Y_1(s) - \sum_{k=1}^{i} s^{i-k} y_1^{(k-1)}(0_+) \right)$$

$$+ \sum_{i=0}^{n} a_{22,i}\left(s^i Y_2(s) - \sum_{k=1}^{i} s^{i-k} y_2^{(k-1)}(0_+)\right)$$

$$= \sum_{i=0}^{n} b_{2,i}\left(s^i U_2(s) - \sum_{k=1}^{i} s^{i-k} u_2^{(k-1)}(0_+)\right) \tag{2.75b}$$

式(2.75)を $Y_1(s), Y_2(s)$ について整理すると

$$\begin{bmatrix} A_{11}(s) & A_{12}(s) \\ A_{21}(s) & A_{22}(s) \end{bmatrix} \begin{bmatrix} Y_1(s) \\ Y_2(s) \end{bmatrix} = \begin{bmatrix} B_1(s) & 0 \\ 0 & B_2(s) \end{bmatrix} \begin{bmatrix} U_1(s) \\ U_2(s) \end{bmatrix} + \begin{bmatrix} C_1(s) \\ C_2(s) \end{bmatrix} \tag{2.76a}$$

ただし

$$A_{ij}(s) = a_{ij,n}s^n + a_{ij,n-1}s^{n-1} + a_{ij,n-2}s^{n-2} + \cdots + a_{ij,0} \tag{2.76b}$$

$$B_i(s) = b_{i,n}s^n + b_{i,n-1}s^{n-1} + b_{i,n-2}s^{n-2} + \cdots + b_{i,0} \tag{2.76c}$$

$$C_1(s) = c_{1,n-1}s^{n-1} + c_{1,n-2}s^{n-2} + \cdots + c_{1,0}$$

$$= \sum_{i=0}^{n}\sum_{k=1}^{i} a_{11,i} s^{i-k} y_1^{(k-1)}(0_+) + \sum_{i=0}^{n}\sum_{k=1}^{i} a_{12,i} s^{i-k} y_2^{(k-1)}(0_+)$$

$$- \sum_{i=0}^{n}\sum_{k=1}^{i} b_{1,i} s^{i-k} u_1^{(k-1)}(0_+) \tag{2.76d}$$

$$C_2(s) = c_{2,n-1}s^{n-1} + c_{2,n-2}s^{n-2} + \cdots + c_{2,0}$$

$$= \sum_{i=0}^{n}\sum_{k=1}^{i} a_{21,i} s^{i-k} y_1^{(k-1)}(0_+) + \sum_{i=0}^{n}\sum_{k=1}^{i} a_{22,i} s^{i-k} y_2^{(k-1)}(0_+)$$

$$- \sum_{i=0}^{n}\sum_{k=1}^{i} b_{2,i} s^{i-k} u_2^{(k-1)}(0_+) \tag{2.76e}$$

式(2.76)の逆行列をとると

$$\begin{bmatrix} Y_1(s) \\ Y_2(s) \end{bmatrix} = \begin{bmatrix} A_{11}(s) & A_{12}(s) \\ A_{21}(s) & A_{22}(s) \end{bmatrix}^{-1} \begin{bmatrix} B_1(s)U_1(s) + C_1(s) \\ B_2(s)U_2(s) + C_2(s) \end{bmatrix} \tag{2.77}$$

式(2.77)の両辺に対してラプラス逆変換をとると，所期の解を得る．すなわち

$$\begin{bmatrix} y_1(t) \\ y_2(t) \end{bmatrix} = \mathscr{L}^{-1}\left\{\begin{bmatrix} Y_1(s) \\ Y_2(s) \end{bmatrix}\right\} \tag{2.78}$$

〔2〕 **状態空間表現による解法**　式(2.69)の2階以上の線形微分方程式，あるいは連立微分方程式は，次式の状態空間表現（state space description）に書き改めることができる．

## 2.4 線形微分方程式の求解

$$\frac{d}{dt}\boldsymbol{x}(t) = \boldsymbol{A}\boldsymbol{x}(t) + \boldsymbol{B}\boldsymbol{u}(t) \tag{2.79a}$$

$$\boldsymbol{y}(t) = \boldsymbol{C}\boldsymbol{x}(t) \tag{2.79b}$$

ここに，$\boldsymbol{x}(t), \boldsymbol{u}(t), \boldsymbol{y}(t)$ は適当な次元のベクトル信号であり，また，$\boldsymbol{A}, \boldsymbol{B}, \boldsymbol{C}$ はベクトル信号と整合性をもったサイズを有する行列であり，これら行列の要素はすべて一定である．状態空間表現を構成する式(2.79a)，(2.79b)は，それぞれ，状態方程式（state equation），出力方程式（output equation）と呼ばれる．また，ベクトル信号 $\boldsymbol{x}(t)$ は状態変数（state variable）と呼ばれる．微分方程式を状態空間表現する場合には，これを簡単に解くことが可能である．以下，これを示す．

式(2.79a)を，状態変数の初期値 $\boldsymbol{x}(0_+)$ に留意してラプラス変換をとると

$$s\boldsymbol{X}(s) - \boldsymbol{x}(0_+) = \boldsymbol{A}\boldsymbol{X}(s) + \boldsymbol{B}\boldsymbol{U}(s) \tag{2.80}$$

これより

$$\boldsymbol{X}(s) = [s\boldsymbol{I} - \boldsymbol{A}]^{-1}[\boldsymbol{B}\boldsymbol{U}(s) + \boldsymbol{x}(0_+)] \tag{2.81}$$

上式のラプラス逆変換をとると，ただちに所期の解を得る．すなわち

$$\boldsymbol{x}(t) = \mathcal{L}^{-1}\{\boldsymbol{X}(s)\} = \mathcal{L}^{-1}\{[s\boldsymbol{I} - \boldsymbol{A}]^{-1}[\boldsymbol{B}\boldsymbol{U}(s) + \boldsymbol{x}(0_+)]\} \tag{2.82a}$$

$$\boldsymbol{y}(t) = \boldsymbol{C}\boldsymbol{x}(t) \tag{2.82b}$$

〔3〕 **求解の例** 図2.7のRLC回路を考える．時刻 $t = 0$ にスイッチをオンし通電した場合の電流応答と出力電圧応答（キャパシタンス両端の電圧応答）を求める．まず，本回路に関しては，次の回路方程式が成立する．

$$v_{in} = Ri(t) + L\frac{d}{dt}i(t) + v_{out}(t) \quad ; v_{in} = \text{const}, i(0_+) = 0 \tag{2.83a}$$

$$i(t) = C\frac{d}{dt}v_{out}(t) \quad ; v_{out}(0_+) = 0 \tag{2.83b}$$

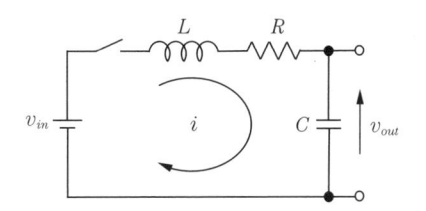

図2.7 RLC回路

上の微分方程式を，$i(t), v_{out}(t)$ を状態変数として状態空間表現すると

$$\frac{d}{dt}\begin{bmatrix} i(t) \\ v_{out}(t) \end{bmatrix} = \begin{bmatrix} -\dfrac{R}{L} & -\dfrac{1}{L} \\ \dfrac{1}{C} & 0 \end{bmatrix}\begin{bmatrix} i(t) \\ v_{out}(t) \end{bmatrix} + \begin{bmatrix} \dfrac{1}{L} \\ 0 \end{bmatrix} v_{in} \tag{2.84}$$

式 (2.84) を，初期値に注意して式 (2.79)〜(2.81) に適用すると次式を得る。

$$\begin{bmatrix} I(s) \\ V_{out}(s) \end{bmatrix} = \begin{bmatrix} s+\dfrac{R}{L} & \dfrac{1}{L} \\ -\dfrac{1}{C} & s \end{bmatrix}^{-1} \begin{bmatrix} \dfrac{v_{in}}{Ls} \\ 0 \end{bmatrix} = \begin{bmatrix} \dfrac{Cv_{in}}{LCs^2 + RCs + 1} \\ \dfrac{v_{in}}{s(LCs^2 + RCs + 1)} \end{bmatrix} \tag{2.85}$$

ここで，一例として $R=0.5$ [Ω]，$L=0.1$ [H]，$C=2.5$ [F]，$v_{in}=3$ [V] とすると

$$\begin{bmatrix} I(s) \\ V_{out}(s) \end{bmatrix} = \begin{bmatrix} \dfrac{30}{s^2+5s+4} \\ \dfrac{12}{s(s^2+5s+4)} \end{bmatrix} = \begin{bmatrix} 10\left(\dfrac{1}{s+1} - \dfrac{1}{s+4}\right) \\ \dfrac{3}{s} - \dfrac{4}{s+1} + \dfrac{1}{s+4} \end{bmatrix}$$

したがって，この例の電流応答，電圧応答として次式を得る。

$$\begin{bmatrix} i(t) \\ v_{out}(t) \end{bmatrix} = \mathcal{L}^{-1}\left\{\begin{bmatrix} I(s) \\ V_{out}(s) \end{bmatrix}\right\} = \begin{bmatrix} 10(e^{-t}-e^{-4t}) \\ 3-4e^{-t}+e^{-4t} \end{bmatrix}$$

以下の微分方程式を課題とするので，読者は証明を試みられたい。

**課題 2.4**

(1) $\dfrac{d}{dt}\boldsymbol{x}(t) = \begin{bmatrix} 0 & 1 \\ -6 & -5 \end{bmatrix}\boldsymbol{x}(t) + \begin{bmatrix} 0 \\ 6 \end{bmatrix}u(t)$ ； $u(t)=1$, $\boldsymbol{x}(0_+) = \begin{bmatrix} 6 \\ 6 \end{bmatrix}$

解： $\boldsymbol{x}(t) = \begin{bmatrix} 1+21e^{-2t}-16e^{-3t} \\ -42e^{-2t}+48e^{-3t} \end{bmatrix}$

(2) $\dfrac{d}{dt}\boldsymbol{x}(t) = \begin{bmatrix} -1 & -2 \\ 2 & -1 \end{bmatrix}\boldsymbol{x}(t) + \begin{bmatrix} 5 \\ 0 \end{bmatrix}u(t)$ ； $u(t)=1$, $\boldsymbol{x}(0_+) = \begin{bmatrix} 0 \\ 5 \end{bmatrix}$

解： $\boldsymbol{x}(t) = \begin{bmatrix} 1-e^{-t}(\cos 2t + 3\sin 2t) \\ 2+e^{-t}(3\cos 2t - \sin 2t) \end{bmatrix}$

# 3 伝達関数によるシステム表現

　線形時不変システムの表現方法として，微分方程式，伝達関数，状態方程式，ブロック線図，信号線図など多数の方法が知られている。制御技術者として少なくとも修得しておく必要があるのが，伝達関数とブロック線図である。本章では，伝達関数を原理から説明し，6個の基本要素を介してこの理解を深める。また，伝達関数と微分方程式との関連についても言及する。

## 3.1 線形システムの応答と伝達関数

　図 3.1(a) のような入力信号 $u(t)$，出力信号 $y(t)$ をもつ線形時不変システム（linear time-invariant system）を考える。本入出力の対応を，$u(t) \to y(t)$ と表現する。二つの入力信号 $u_1(t)$，$u_2(t)$ にそれぞれ対応した出力信号を $y_1(t)$，$y_2(t)$ とする。すなわち

$$u_i(t) \quad \to \quad y_i(t) \quad ; i = 1, 2 \tag{3.1a}$$

一定係数 $a$，$b$ に関し，次の関係が成立するとき，システムは線形（linear）であるという。

$$au_1(t) + bu_2(t) \quad \to \quad ay_1(t) + by_2(t) \tag{3.1b}$$

また，システムの特性が時間経過にかかわらず不変の場合には，システムは時不変（time-invariant）であるという。本章で考察するシステムは線形性と時不変性を兼ね備えた線形時不変システムであり，以降では，これを簡単に線形システムと呼ぶ。

　図 3.1(a) の線形システムの初期状態はゼロであり，入力信号が印加される以前の出力信号はゼロであるとする。本線形システムに，入力信号 $u(t)$ とし

(a) (b)

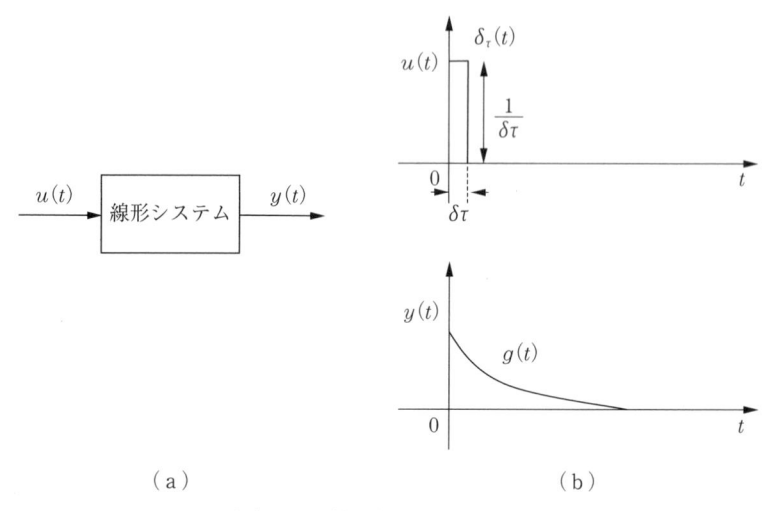

図3.1 入出力信号 $u(t), y(t)$ をもつ線形時不変システム

て次の積分値が1となるパルス信号 $\delta_\tau(t)$ を印加することを考える。

$$\delta_\tau(t) = \begin{cases} \dfrac{1}{\delta\tau} & ; 0 \leq t \leq \delta\tau \\ 0 & ; t > \delta\tau \end{cases} \tag{3.2}$$

すなわち，$u(t) = \delta_\tau(t)$ である。本印加に対する線形システムの出力信号 $y(t)$ を $g(t)$ とする。すなわち，$y(t) = g(t)$ である。本入出力信号の概略的形状の一例を同図(b)に示した。

次に，入力信号 $u(t)$ として次のものを考える。

$$u(t) = a\delta_\tau(t) + b\delta_\tau(t - \tau') \tag{3.3a}$$

上の入力信号は，パルス幅 $\delta\tau$ の2個のパルス信号をおのおの $a$, $b$ 倍した上で，時刻 $t = 0$ と時刻 $t = \tau'$ とにそれぞれを印加することを意味する。本入力信号に対する線形システムの出力信号は，次式となる。

$$y(t) = ag(t) + bg(t - \tau') \tag{3.3b}$$

式(3.3)において，入力信号と出力信号における右辺の第1項，第2項は，たがいに対応している点には注意されたい。すなわち，システムの線形性より，出力信号においては，入力信号と同一のスケーリングと単純和とが成立してい

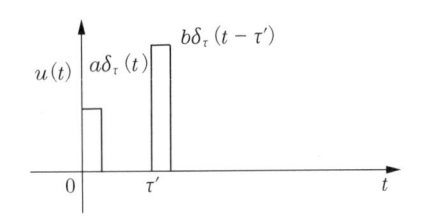

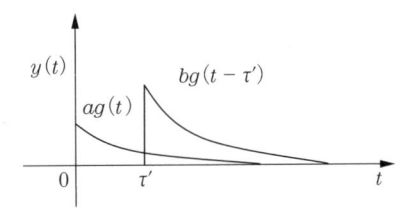

図 3.2　線形時不変システムの入出力信号の一例

る．また，時不変性により，時刻 $t = 0$ と時刻 $t = \tau'$ とで不変な応答特性が維持されている．線形性と時不変性の一例を図 3.2 に示した．

以上の不連続なパルス状の入力信号に代わって，連続的な入力信号が線形システムへ印加される場合を考える．連続信号 $u(t)$ は，図 3.3 に例示したように，時間 $\tau_i \leqq t < \tau_{i+1}$ において，パルス幅 $\delta\tau = \tau_{i+1} - \tau_i$，振幅 $u(\tau_i)$ をもつ $n$ 個のパルス信号を連結したものとして近似することができる．すなわち

$$u(t) = (u(\tau_0)\delta\tau)\delta_\tau(t) + (u(\tau_1)\delta\tau)\delta_\tau(t - \tau_1) + \cdots$$
$$+ (u(\tau_{n-1})\delta\tau)\delta_\tau(t - \tau_{n-1})$$
$$= \sum_{i=0}^{n-1}(u(\tau_i)\delta\tau)\delta_\tau(t - \tau_i) \tag{3.4a}$$

式(3.4a)における $i$ 番目の近似パルス信号 $\delta_\tau(t - \tau_i)$ の時間 $\tau_i \leqq t < \tau_{i+1}$ における積分値は $(u(\tau_i)\delta\tau)$ であることに注意すると，式(3.4a)の入力信号に対する出力信号は，線形性と時不変性とにより，次式となる．

$$y(t) = \sum_{i=0}^{n-1}(u(\tau_i)\delta\tau)g(t - \tau_i) = \sum_{i=0}^{n-1}g(t - \tau_i)u(\tau_i)\delta\tau \tag{3.4b}$$

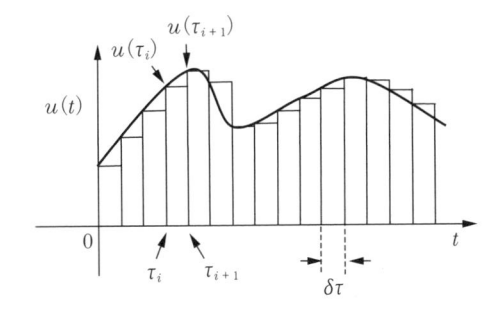

図 3.3　連続信号のパルス信号による近似例

## 3. 伝達関数によるシステム表現

連続した入力信号 $u(t)$ をパルス信号で近似する場合には，近似精度はパルス幅を小さくすることにより向上させることができる。パルス幅 $\delta\tau$ を無限小に漸近させる場合，すなわち $\delta\tau \to 0$ とする場合には，これに対応した出力信号は，式(3.4b)の和を積分に置換した次式となる。

$$y(t) = \int_0^t g(t-\tau)u(\tau)d\tau \tag{3.5}$$

式(3.5)は，式(2.2a)，(2.29)に示した畳込み積分にほかならない。換言するならば，式(3.5)は「線形システムにおける入力信号と出力信号の関係は，畳込み積分になる」ことを意味している。

式(3.5)における $g(t)$ は $\delta\tau \to 0$ に対応したものである点には，注意されたい。換言するならば，式(3.5)における $g(t)$ は，パルス信号 $\delta_\tau(t)$ のパルス幅 $\delta\tau$ を $\delta\tau \to 0$ としたデルタ関数 $\delta(t)$ を線形システムへ印加した場合の出力信号である。初期値がゼロの線形システムへのデルタ関数 $\delta(t)$ を印加した場合の出力信号 $g(t)$ は，インパルス応答（impulse response）と呼ばれる。

式(3.5)の両辺をラプラス変換すると次式を得る。

$$Y(s) = G(s)U(s), \quad G(s) = \frac{Y(s)}{U(s)} \tag{3.6a}$$

ただし

$$U(s) = \mathcal{L}\{u(t)\}, \quad Y(s) = \mathcal{L}\{y(t)\}, \quad G(s) = \mathcal{L}\{g(t)\} \tag{3.6b}$$

式(3.6)における $G(s)$ は，伝達関数（transfer function）と呼ばれる。

上の説明よりすでに明らかなように，伝達関数 $G(s)$ は以下のように定義される。

① 線形システムの内部状態の初期値をゼロとした場合における，入力信号のラプラス変換と出力信号のラプラス変換との比。

② 線形システムのインパルス応答のラプラス変換。

## 3.2 基本要素の伝達関数

線形システムの伝達関数の特性理解には，これを構成する基本要素の伝達関数の特性把握が基礎となる．基本要素（basic element）としては，比例要素（proportional element），積分要素（integral element），微分要素（derivative element），1次遅れ要素（first-order lag element），2次遅れ要素（second-order lag element），むだ時間要素（dead-time element）の6要素がある．以下に，これらの伝達関数を個別に説明する．

### 3.2.1 比例要素

〔1〕定　義　入力信号 $u(t)$ と出力信号 $y(t)$ とが次式の関係をもつ場合を考える．

$$y(t) = Ku(t) \quad ; K = \text{const} \tag{3.7a}$$

上式の両辺に対してラプラス変換をとり，さらに入出力の比をとると，次の伝達関数を得る．

$$G(s) = \frac{Y(s)}{U(s)} = K \quad ; K = \text{const} \tag{3.7b}$$

本伝達関数で表現される要素を比例要素という．比例要素の働きは，出力信号を入力信号の $K$ 倍とすることである．図 3.4 に，入力信号 $u(t)$ を単位ステップ信号とした場合の出力信号を例示した．

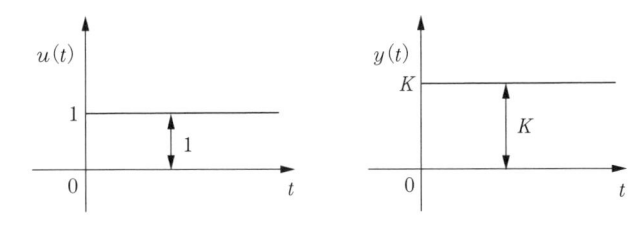

図 3.4　比例要素による入出力信号の一例

〔2〕例

1）**分圧回路**　図3.5(a)に，比例要素の一例として分圧回路を示した。分圧回路においては，入力電圧 $v_{in}(t)$ と出力電圧 $v_{out}(t)$ とは，次の比例関係を有する。

$$v_{out}(t) = K v_{in}(t) \quad ; K = \text{const}$$

2）**R 回路**　同図(b)は，抵抗のみからなる回路の例であり，入力電圧 $v_{in}(t)$ と同電圧の印加に応じた電流 $i(t)$ とは次の比例関係を有する。

$$i(t) = \frac{1}{R} v_{in}(t) = K v_{in}(t) \quad ; K = \frac{1}{R}$$

### 3.2.2 積 分 要 素

〔1〕定　義　入力信号 $u(t)$ と出力信号 $y(t)$ とが，次式の関係をもつ場合を考える。

$$y(t) = \int_0^t u(\tau)d\tau \tag{3.8a}$$

あるいは

$$\frac{d}{dt} y(t) = u(t) \tag{3.8b}$$

初期値はゼロであるとして，上式の両辺に対しラプラス変換をとり，さらに入出力の比をとると次の伝達関数を得る。

$$G(s) = \frac{Y(s)}{U(s)} = \frac{1}{s} \tag{3.8c}$$

本伝達関数で表現される要素を積分要素という。積分要素の働きは，入力信

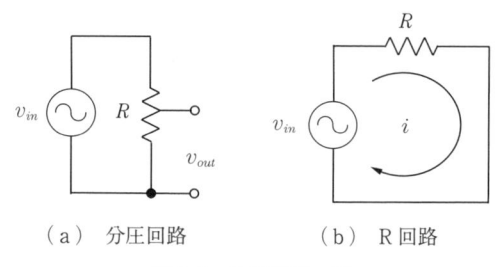

（a）分圧回路　　　（b）R 回路

図 3.5　比例要素の例

号を積分し出力信号とすることである．図3.6に，入力信号 $u(t)$ を単位ステップ信号とした場合の出力信号を例示した．

〔2〕例

1) C 回 路　　図3.7(a)に，積分要素の一例として，電流源とキャパシタンスからなる回路を示した．本回路では，入力電流 $i_{in}(t)$ と出力電圧（キャパシタンスの両端電圧）$v_{out}(t)$ とは，次の関係を有する．

$$v_{out}(t) = \int_0^t \frac{i_{in}(\tau)}{C} d\tau$$

この場合の伝達関数は，次式に示すように比例要素と積分要素の積となる．

$$G(s) = \frac{V_{out}(s)}{I_{in}(s)} = \frac{1}{Cs} = K\frac{1}{s} \quad ; K = \frac{1}{C}$$

2) 回 転 系　　図3.7(b)は，モータなどの回転系の例であり，回転体の角速度（angular velocity）$\omega_m(t)$ と角度（phase）$\theta_m(t)$ とは，次の関係を有する．

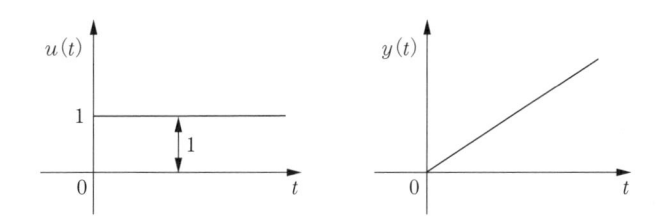

図3.6　積分要素による入出力信号の一例

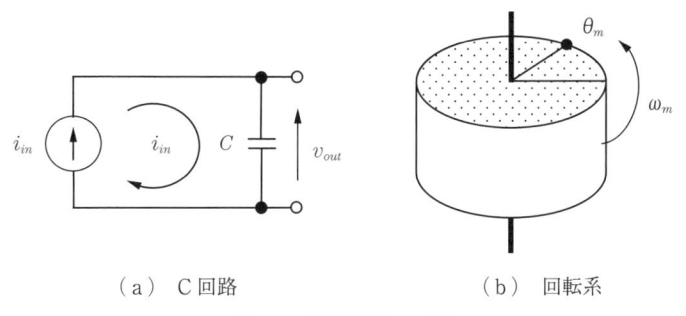

（a）C回路　　　　　　　（b）回転系

図3.7　積分要素の一例

$$\theta_m(t) = \int_0^t \omega_m(\tau)d\tau$$

したがって，この伝達関数は次の積分要素となる．

$$G(s) = \frac{\Theta_m(s)}{\Omega_m(s)} = \frac{1}{s}$$

### 3.2.3 微 分 要 素

〔1〕定　　義　　入力信号 $u(t)$ と出力信号 $y(t)$ が，次式の関係をもつ場合を考える．

$$y(t) = \frac{d}{dt}u(t) \tag{3.9a}$$

上式の両辺に対し，初期値がゼロであるとしてラプラス変換をとり，さらに入出力の比をとると，次の伝達関数を得る．

$$G(s) = \frac{Y(s)}{U(s)} = s \tag{3.9b}$$

本伝達関数で表現される要素を微分要素という．微分要素の働きは，入力信号を微分し出力信号とすることである．図 3.8 に，入力信号 $u(t)$ を単位ステップ信号とした場合の出力信号を例示した．この場合の出力信号はデルタ関数 $\delta(t)$ となる．

〔2〕例

・RL 回路　　図 3.9 に，微分要素の一例を示した．同図は RL 回路の例であり，インダクタンスへの入力電流 $i_{in}(t)$ と，この両端の出力電圧 $v_{out}(t)$ とは，次の関係を有する．

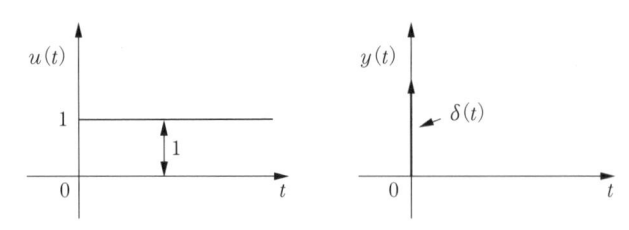

図 3.8　微分要素による入出力信号の一例

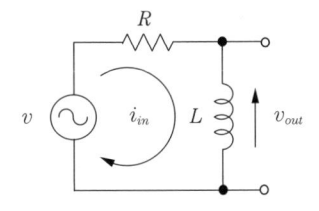

図 3.9 微分要素の一例

$$v_{out}(t) = L\frac{d}{dt}i_{in}(t)$$

この場合の伝達関数は次式に示すように，比例要素と微分要素の積となる．

$$G(s) = \frac{V_{out}(s)}{I_{in}(s)} = Ls = Ks \quad ; K = L$$

### 3.2.4 1次遅れ要素

〔1〕定　義　入力信号 $u(t)$ と出力信号 $y(t)$ が，次式の関係をもつ場合を考える．

$$\frac{d}{dt}y(t) + a_0 y(t) = a_0 u(t) \tag{3.10a}$$

初期値はゼロであるとして，上式の両辺に対しラプラス変換をとり，さらに入出力の比をとると，次の伝達関数を得る．

$$G(s) = \frac{Y(s)}{U(s)} = \frac{a_0}{s+a_0} = \frac{1}{T_c s + 1} \quad ; T_c = \frac{1}{a_0} \tag{3.10b}$$

本伝達関数で表現される要素を1次遅れ要素という．1次遅れ要素の働きは，入力信号を簡単なローパスフィルタ処理し，出力信号とすることである．図 3.10 に，入力信号 $u(t)$ を単位ステップ信号とした場合の出力信号を例示した（図 2.2，式(2.73)参照）．本出力信号は，以下のように求められる．

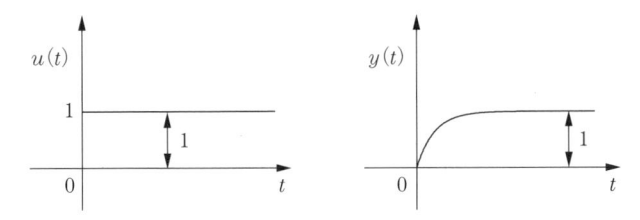

図 3.10　1次遅れ要素による入出力信号の一例

$$Y(s) = G(s)U(s) = \frac{a_0}{s + a_0} \cdot \frac{1}{s} = \frac{1}{s} - \frac{1}{s + a_0} \qquad (3.11\text{a})$$

$$y(t) = \mathcal{L}^{-1}\{Y(s)\} = 1 - e^{-a_0 t} = 1 - e^{-t/T_c} \qquad ; T_c = \frac{1}{a_0} \qquad (3.11\text{b})$$

上式より明らかなように,出力信号の定常値は入力信号と同一レベルの1となる。式(3.10),(3.11)における $T_c$ は,時定数 (time constant) と呼ばれ,制御システム設計における重要な設計目安となる。時定数を含め,1次遅れ要素の時間応答 (time response) は,5章で改めて詳しく説明する。

〔2〕 例

1) **RC 回路** 図3.11(a)に,1次遅れ要素の一例としてRC回路を示した。本RC回路においては,入力電圧 $v_{in}(t)$ に対してキャパシタンス両端の電圧 $v_{out}(t)$ を出力としている。回路に流れる電流を $i(t)$ とすると,この回路方程式は次式で与えられる。

$$i(t) = C\frac{d}{dt}v_{out}(t) = \frac{1}{R}(v_{in}(t) - v_{out}(t)) \qquad (3.12\text{a})$$

初期値ゼロの条件で,上式に対しラプラス変換をとると

$$CsV_{out}(s) = \frac{1}{R}(V_{in}(s) - V_{out}(s)) \qquad (3.12\text{b})$$

したがって,伝達関数は次式となる。

$$G(s) = \frac{V_{out}(s)}{V_{in}(s)} = \frac{1}{RCs + 1} = \frac{1}{T_c s + 1} \qquad ; T_c = RC \qquad (3.12\text{c})$$

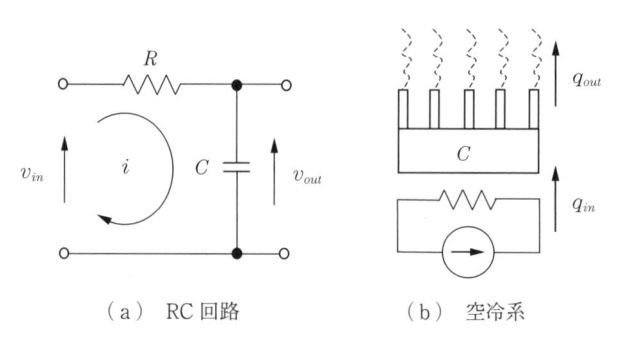

(a) RC 回路　　(b) 空冷系

図3.11　1次遅れ要素の一例

本回路は，時定数 $T_c = RC$ をもつ1次遅れ要素である。

入力電圧を $v_{in}(t) = 1$（すなわち，単位ステップ信号）とする場合の出力電圧は，式(3.11)より，次のように得る。

$$v_{out}(t) = 1 - e^{-t/T_c} \quad ; T_c = RC \tag{3.13a}$$

上式は，時定数 $T_c = RC$ が大きい場合には，以下のように近似される。

$$v_{out}(t) = 1 - e^{-\frac{1}{T_c}t} \approx 1 - \left(1 - \frac{1}{T_c}t\right) = \frac{1}{T_c}t = Kt \quad ; K = \frac{1}{T_c} = \frac{1}{RC} \tag{3.13b}$$

式(3.13b)の右辺は，ゲイン $K$ をもつ積分処理を意味している。このため，図3.11のRC回路は，大きな時定数 $T_c = RC$ をもつ場合には，近似積分回路と呼ばれることもある。なお，時定数の大小の評価は，入力信号の基本周波数成分に基づき行う必要がある。周波数に関連した説明は6章で行う。

**2) RL 回路** 図2.2に示したRL回路を再び考える。式(2.73)より明らかなように，入力電圧から電流応答値に至る伝達関数は，次式となる。

$$G(s) = \frac{I(s)}{V_{in}(s)} = \frac{1}{Ls + R} = K\frac{1}{T_c s + 1} \quad ; T_c = \frac{L}{R}, \quad K = \frac{1}{R} \tag{3.14}$$

すなわち，RL回路における入力電圧と電流応答の関係は，比例係数 $K = 1/R$ をもつ1次遅れ特性となる。RL回路の時定数は，$T_c = L/R$ である。

本伝達関数はRL回路のアドミタンスにほかならない。また，この逆関数はインピーダンス $(Ls + R)$ に他ならない。

**3) 回 転 系** 図3.7(b)に示したモータなどの回転系の例を再び考える。回転体に加えられるトルク（torque）$\tau(t)$ と，これによる回転体の回転速度 $\omega_m(t)$ とは，次の関係を有する。

$$\tau(t) - D_m \omega_m(t) = J_m \frac{d}{dt}\omega_m(t) \tag{3.15a}$$

ここに，$J_m, D_m$ は，おのおの慣性モーメント（moment of inertia），粘性摩擦係数（viscous friction coefficient）である。初期値ゼロの条件で，上式に対しラプラス変換をとり，出力である回転速度と入力であるトルクとの比をとる

と，次式を得る。

$$G(s) = \frac{\Omega_m(s)}{T(s)} = \frac{1}{J_m s + D_m} = K\frac{1}{T_c s + 1} \quad ; T_c = \frac{J_m}{D_m}, \quad K = \frac{1}{D_m}$$
(3.15b)

式(3.14)と式(3.15b)との比較より，本回転系はRL回路と次の類似性を有している。

$$\{J_m, D_m\} \leftrightarrow \{L, R\}$$

直動系も式(3.15)と同様な1次遅れ特性を示す。式(3.15)におけるトルク，回転速度，慣性モーメント，粘性摩擦係数をそれぞれ，力，速度，慣性質量，直動の粘性摩擦係数に置換すれば，直動系における関係が得られる。

**4） 冷 却 系** 図3.11(b)を考える。同図は，放熱板を有する電気回路基板などを，空気冷却系として概略的に示したものである。放熱板の熱容量を$C$とする。本放熱板は，発熱した電気回路より単位時間当り$q_{in}(t)$の熱量が入力され加熱されているものとする。一方で，放熱板のフィンより単位時間当り$q_{out}(t)$の熱量が放熱され，放熱板は冷却されているものとする。

室温を基準温度とし，基準温度から評価した放熱板の相対温度を$t_{out}(t)$とする。このとき，次の関係が成立する。

$$C\frac{d}{dt}t_{out}(t) = q_{in}(t) - q_{out}(t) \quad ; C = \text{const} \quad (3.16a)$$

$$q_{out}(t) = H t_{out}(t) \quad ; H = \text{const} \quad (3.16b)$$

初期値ゼロを条件に，上式をラプラス変換し，入力熱量$q_{in}(t)$と上昇温度$t_{out}(t)$に関して整理すると，次の伝達関数を得る。

$$G(s) = \frac{T_{out}(s)}{Q_{in}(s)} = \frac{1}{Cs + H} = K\frac{1}{T_c s + 1} \quad ; T_c = \frac{C}{H}, \quad K = \frac{1}{H}$$
(3.16c)

式(3.14)と式(3.16c)との比較より，本冷却系はRL回路と次の類似性を有している。

$$\{C, H\} \leftrightarrow \{L, R\}$$

### 3.2.5 2次遅れ要素

〔1〕定　　義　　入力信号 $u(t)$ と出力信号 $y(t)$ とが次の関係をもつ場合を考える。

$$\frac{d^2}{dt^2} y(t) + a_1 \frac{d}{dt} y(t) + a_0 y(t) = a_0 u(t) \tag{3.17a}$$

または

$$\frac{d^2}{dt^2} y(t) + 2\zeta\omega_n \frac{d}{dt} y(t) + \omega_n^2 y(t) = \omega_n^2 u(t) \tag{3.17b}$$

初期値はゼロであるとして，上式の両辺に対しラプラス変換をとり，さらに入出力の比をとると，次の伝達関数を得る。

$$G(s) = \frac{Y(s)}{U(s)} = \frac{a_0}{s^2 + a_1 s + a_0} = \frac{\omega_n^2}{s^2 + 2\zeta\omega_n s + \omega_n^2} \tag{3.17c}$$

本伝達関数で表現される要素を2次遅れ要素という。2次遅れ要素の働きは，入力信号を2次のローパスフィルタ処理し，出力信号とすることである。しかし，処理特性は1次遅れ要素の場合と比べ，より複雑である。

図3.12に，入力信号 $u(t)$ を単位ステップ信号とした場合の出力信号を例示した。同図に概略的に示したが，出力信号の定常値は入力信号と同一の1となる。出力信号の速応性（速い応答性の意味，responsivity, respond speed），出力信号における振動の有無，振動がある場合の振動振幅，振動の様子は，係数 $\zeta$, $\omega_n$ によって支配される。これらの解析は，5章，6章で行う。係数 $\zeta$ は減衰係数（damping coefficient），制動係数，あるいはダンピング係数と呼ばれる。また，係数 $\omega_n$ は固有周波数（natural frequency, undamped natural frequency），あるいは自然周波数と呼ばれる。両係数は制御システム設計にお

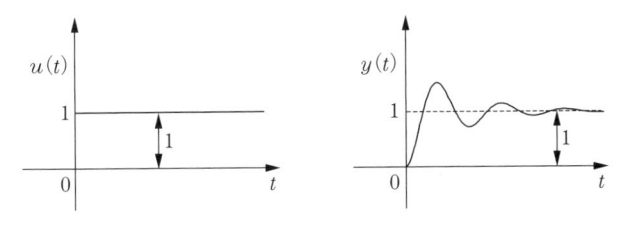

図3.12　2次遅れ要素による入出力信号の一例

ける重要な設計目安となる。なお，本書においては，「周波数」とは「角周波数」を意味し，その単位は（rad/s）である。制御工学においては，単位（Hz）の意味における周波数を使用することは，ほとんどない。

〔2〕 例

1） **RLC回路** 2次遅れ要素の一例としては，図2.7のRLC回路を考えることができる。式(2.84)に示しているように，この状態方程式は次式で与えられる。

$$\frac{d}{dt}\begin{bmatrix} i(t) \\ v_{out}(t) \end{bmatrix} = \begin{bmatrix} -\frac{R}{L} & -\frac{1}{L} \\ \frac{1}{C} & 0 \end{bmatrix}\begin{bmatrix} i(t) \\ v_{out}(t) \end{bmatrix} + \begin{bmatrix} \frac{1}{L} \\ 0 \end{bmatrix}v_{in}(t) \quad (3.18)$$

式(3.18)を初期値をゼロとして式(2.79)〜(2.81)に適用すると，次式を得る。

$$\begin{bmatrix} I(s) \\ V_{out}(s) \end{bmatrix} = \begin{bmatrix} s+\frac{R}{L} & \frac{1}{L} \\ -\frac{1}{C} & s \end{bmatrix}^{-1}\begin{bmatrix} \frac{1}{L} \\ 0 \end{bmatrix}V_{in}(s) = \begin{bmatrix} \frac{Cs}{LCs^2+RCs+1} \\ \frac{1}{LCs^2+RCs+1} \end{bmatrix}V_{in}(s)$$
$$(3.19)$$

したがって，入力電圧$v_{in}(t)$から出力電圧$v_{out}(t)$に至る伝達関数は次式となる。

$$G(s) = \frac{V_{out}(s)}{V_{in}(s)} = \frac{1}{LCs^2+RCs+1} = \frac{\frac{1}{LC}}{s^2+\frac{R}{L}s+\frac{1}{LC}} \quad (3.20)$$

RLC回路の固有周波数と減衰係数は，以下のように求められる。式(3.20)と式(3.17c)との比較より

$$\omega_n^2 = \frac{1}{LC}, \quad 2\zeta\omega_n = \frac{R}{L} \quad (3.21\text{a})$$

これより，ただちに次式を得る。

$$\omega_n = \frac{1}{\sqrt{LC}}, \quad \zeta = \frac{1}{2\omega_n}\cdot\frac{R}{L} = \frac{1}{2}\sqrt{\frac{C}{L}}R \quad (3.21\text{b})$$

なお，式(3.20)の伝達関数は，$R \gg L|s|$が成立する場合には，以下のよう

に近似される。

$$G(s) = \frac{V_{out}(s)}{V_{in}(s)} \approx \frac{1}{RCs+1} \quad ; R \gg L|s| \quad (3.22)$$

式(3.22)の伝達関数は，式(3.12c)に示したRC回路の伝達関数にほかならない。本近似式は，インダクタンスが小さいRLC回路が，RC回路と類似した応答を示すことを意味している。図2.7と図3.11(a)とを比較されたい。

2) はしご形RC回路　図3.13の2段はしご形RC回路を考える。本回路は，図3.11(a)のRC回路を直列的に結合した回路である。したがって，$v_{in}(t)$から$v_2(t)$に至る伝達関数は，式(3.12c)より，次式のように推測される。

$$G(s) = \frac{V_2(s)}{V_{in}(s)} = \frac{V_2(s)}{V_1(s)} \cdot \frac{V_1(s)}{V_{in}(s)} = \frac{1}{R_2 C_2 s + 1} \cdot \frac{1}{R_1 C_1 s + 1} \quad (3.23)$$

残念ながら，この推測は誤っている。誤りの原因は，RC回路が受動回路（passive circuit）であり，接続により発生する負荷効果（load effect）の影響を無視した点にある。正しい伝達関数を以下に示す。

入力電圧とキャパシタンス$C_1$，$C_2$の両端の電圧を同図のように定義し，抵抗$R_1$，$R_2$に流れる電流に注意するならば，キルヒホッフの第2法則（電圧平衡則）より，次の回路方程式が成立する。

$$v_{in}(t) = R_1 \left( C_1 \frac{d}{dt} v_1(t) + C_2 \frac{d}{dt} v_2(t) \right) + v_1(t) \quad (3.24a)$$

$$v_1(t) = R_2 C_2 \frac{d}{dt} v_2(t) + v_2(t) \quad (3.24b)$$

式(3.24)は，次の状態方程式に書き改めることができる。

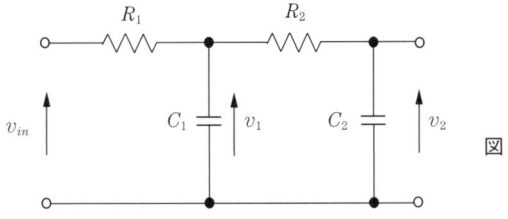

図3.13　2段はしご形RC回路

$$\frac{d}{dt}\begin{bmatrix}v_1(t)\\v_2(t)\end{bmatrix}=\begin{bmatrix}\dfrac{-1}{C_1}\left(\dfrac{1}{R_1}+\dfrac{1}{R_2}\right) & \dfrac{1}{C_1R_2}\\[6pt] \dfrac{1}{C_2R_2} & \dfrac{-1}{C_2R_2}\end{bmatrix}\begin{bmatrix}v_1(t)\\v_2(t)\end{bmatrix}+\begin{bmatrix}\dfrac{1}{C_1R_1}\\0\end{bmatrix}v_{in}(t) \quad (3.25)$$

式(3.25)を，初期値をゼロとして式(2.79)～(2.81)に適用すると，次式を得る。

$$\begin{bmatrix}V_1(s)\\V_2(s)\end{bmatrix}=\begin{bmatrix}s+\dfrac{1}{C_1}\left(\dfrac{1}{R_1}+\dfrac{1}{R_2}\right) & \dfrac{-1}{C_1R_2}\\[6pt] \dfrac{-1}{C_2R_2} & s+\dfrac{1}{C_2R_2}\end{bmatrix}^{-1}\begin{bmatrix}\dfrac{1}{C_1R_1}\\0\end{bmatrix}V_{in}(s)$$

$$=\begin{bmatrix}\dfrac{R_2C_2s+1}{R_1R_2C_1C_2s^2+(R_1C_1+R_1C_2+R_2C_2)s+1}\\[10pt] \dfrac{1}{R_1R_2C_1C_2s^2+(R_1C_1+R_1C_2+R_2C_2)s+1}\end{bmatrix}V_{in}(s) \quad (3.26)$$

したがって，$v_{in}(t)$ から $v_2(t)$ に至る伝達関数は次式となる。

$$G(s)=\frac{V_2(s)}{V_{in}(s)}=\frac{1}{R_1R_2C_1C_2s^2+(R_1C_1+R_1C_2+R_2C_2)s+1}$$

$$=\frac{1}{(R_1C_1s+1)(R_2C_2s+1)+R_1C_2s} \quad (3.27)$$

式(3.27)と式(3.23)の比較より明白なように，式(3.27)の特性多項式は，負荷効果に起因した1次項 $R_1C_2s$ を有している。

本回路の固有周波数と減衰係数は，以下のように求められる。式(3.27)と式(3.17c)との比較より

$$\omega_n^2=\frac{1}{R_1R_2C_1C_2}, \quad 2\zeta\omega_n=\frac{R_1C_1+R_1C_2+R_2C_2}{R_1R_2C_1C_2} \quad (3.28\text{a})$$

これより，ただちに次式を得る。

$$\omega_n=\frac{1}{\sqrt{R_1R_2C_1C_2}}, \quad \zeta=\frac{R_1C_1+R_1C_2+R_2C_2}{2\sqrt{R_1R_2C_1C_2}} \quad (3.28\text{b})$$

### 3.2.6 むだ時間要素

〔1〕定　義　　入力信号 $u(t)$ と出力信号 $y(t)$ が次式の関係をもつ場合を考える。

$$y(t) = u(t - T) \quad ; T \geq 0 \tag{3.29a}$$

上式の両辺に対しラプラス変換をとり，さらに入出力の比をとると次の伝達関数を得る。

$$G(s) = \frac{Y(s)}{U(s)} = e^{-Ts} \quad ; T \geq 0 \tag{3.29b}$$

本伝達関数で表現される要素を，むだ時間要素という。むだ時間要素の働きは，入力信号の単純な$T$秒遅れを出力信号とすることである。遅れの時間$T$は，むだ時間（dead time）と呼ばれる。図3.14に，入力信号$u(t)$を単位ステップ信号とした場合の出力信号を例示した。

〔2〕例

・液体輸送系　図3.15を考える。同図は，原油輸送のためのパイプラインをイメージしたものであり，その全長を$l$としている。原油のパイプ内での一定移動速度を$v$とするとき，入口から送り出した原油$u(t)$と，出口で受け取る原油$y(t)$との関係は，次のむだ時間の関係となる。

$$y(t) = u(t - T) \quad ; T = \frac{l}{v} \tag{3.30}$$

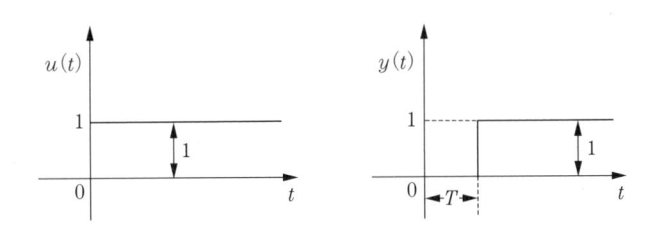

図3.14　むだ時間要素による入出力信号の一例

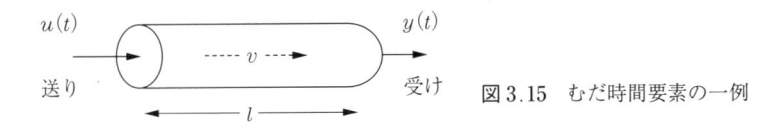

図3.15　むだ時間要素の一例

## 3.3 補　　足

### 3.3.1　基本回路の伝達関数

回路設計において，しばしば利用される基本回路の伝達関数を求めておく。

〔1〕**近似微分回路**　図3.16(a)を考える。同図は，図3.11(a)のRC回路にほかならない。ただし，図3.11(a)のRC回路と異なり，抵抗の両端から電圧を検出し，これを出力電圧としている。抵抗とキャパシタンスが直列結合されたRC回路においては，抵抗両端の電圧とキャパシタンス両端の電圧の和は，入力電圧と等しくなければならない。本事実に，図3.11(a)のRC回路の伝達関数の式(3.12c)を考慮すると，図3.16(a)の伝達関数は，次式となる。

$$G(s) = \frac{V_{out}(s)}{V_{in}(s)} = \frac{RCs}{RCs+1} = RCs\frac{1}{RCs+1} \tag{3.31}$$

式(3.31)の伝達関数と式(3.12c)の伝達関数との和は1となることを確認されたい。式(3.31)の右辺より明白なように，本伝達関数は，比例要素，微分要素，1次遅れ要素の積である。

入力電圧を $v_{in}(t) = 1$（すなわち，単位ステップ信号）とする場合には，このラプラス変換は $V_{in}(s) = 1/s$ であるので，出力電圧に関し次式を得る。

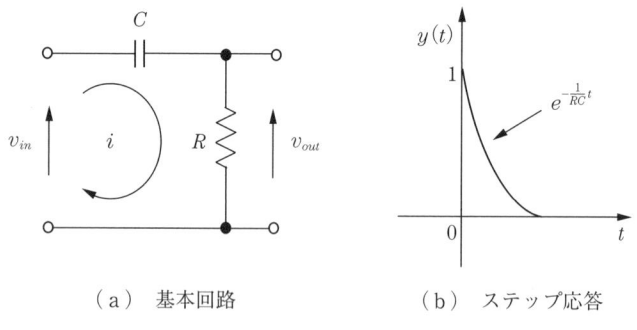

　　　　（a）基本回路　　　　　　（b）ステップ応答

図3.16　近似微分回路

$$V_{out}(s) = \frac{s}{s + \frac{1}{RC}} V_{in}(s) = \frac{1}{s + \frac{1}{RC}} \quad (3.32a)$$

$$v_{out}(t) = \mathcal{L}^{-1}\{V_{out}(s)\} = e^{-\frac{1}{T_c}t} \quad ; T_c = RC \quad (3.32b)$$

図 3.16（b）に，出力電圧の概略的応答を示した。同図より，時定数 $T_c = RC$ が小さい場合には，本回路は良好な近似微分回路としての特性を発揮することがわかる。

〔2〕**電圧検出回路** 図 3.17（a）の回路を考える。同回路の構成原理は，入力電圧 $v_{in}(t)$ を 2 個の抵抗 $R_1$，$R_2$ を用いて分圧し，分圧した電圧を抵抗 $R_3$ とキャパシタンス $C$ からなる RC 回路でローパスフィルタリングし，キャパシタンス両端の電圧を検出すべき出力電圧 $v_{out}(t)$ とするものである。分圧の原理は，図 3.5（a）と同一である。また，RC 回路によるローパスフィルタリングの原理は，図 3.11（a）と同一である。個々の回路の伝達関数は既知であるが，入力電圧から出力電圧に至る総合的な伝達関数は，これら個々の伝達関数を乗じたものとはならない。これは，図 3.13 に関連して説明した，受動回路の接合による負荷効果に起因している。以下に簡潔な導出法を示す。

鳳-テブナンの定理（Thevenin-Ho's Theorem）によれば，図 3.17（a）の回路は同図（b）の回路へ等価的に変換される。このとき，次の関係が成立している。

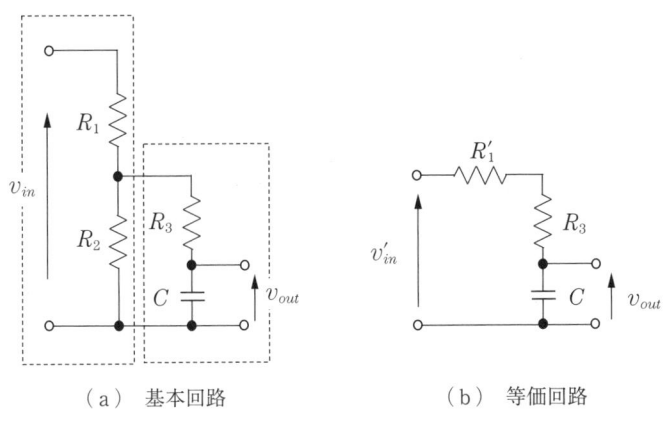

（a）基本回路　　　　（b）等価回路

図 3.17　電圧検出回路

$$v'_{in}(t) = \frac{R_2}{R_1 + R_2} v_{in}(t), \quad R'_1 = \frac{R_1 R_2}{R_1 + R_2} \tag{3.33}$$

図(b)の等価回路は，図 3.11(a)と形式的に同一であるので，図 3.11(a)の伝達関数がそのまま適用できる．式(3.12c)より，ただちに次の関係を得る．

$$G'(s) = \frac{V_{out}(s)}{V'_{in}(s)} = \frac{1}{(R'_1 + R_3)Cs + 1} \tag{3.34}$$

したがって，式(3.33)を考慮すると，$v_{in}(t)$ から $v_{out}(t)$ に至る伝達関数は以下のように求められる．

$$\begin{aligned}G(s) &= \frac{V_{out}(s)}{V'_{in}(s)} \cdot \frac{V'_{in}(s)}{V_{in}(s)} = \frac{R_2}{R_1 + R_2} G'(s) \\ &= \frac{R_2}{R_1 + R_2} \cdot \frac{1}{\left(\dfrac{R_1 R_2}{R_1 + R_2} + R_3\right)Cs + 1}\end{aligned} \tag{3.35}$$

なお，式(3.34)の伝達関数 $G'(s)$ における $R'_1$ の出現が，負荷効果によるものである．

### 3.3.2　むだ時間要素のパデ近似

むだ時間要素は，ほかのいずれの要素とも異なり，$s$ に関する指数表現となっている．本要素は，以下のように，マクローリン展開（Maclaurin series expansion）することができる．

$$G(s) = e^{-Ts} \approx \sum_{i=0} \frac{1}{i!}(-Ts)^i = 1 + (-Ts) + \frac{1}{2!}(-Ts)^2 + \cdots \tag{3.36}$$

本要素を，システムの設計・解析の都合上，$s$ に関する $n$ 次有理多項式で近似する場合がある．このときの有理多項式の係数は，マクローリン展開した場合，式(3.36)の係数と低次側から順次近似的に等しくし，発生する誤差を最小化するように定める．このような近似方法はパデ近似（Pade approximation）と呼ばれる．むだ時間要素のパデ近似の例としては以下が知られている．

$$e^{-Ts} \approx \frac{2 - Ts}{2 + Ts} \tag{3.37a}$$

$$e^{-Ts} \approx \frac{6-2Ts}{6+4Ts+(Ts)^2} = \frac{2(3-Ts)}{(2+j\sqrt{2}+Ts)(2-j\sqrt{2}+Ts)}$$
(3.37b)

$$e^{-Ts} \approx \frac{12-6Ts+(Ts)^2}{12+6Ts+(Ts)^2} = \frac{(-3+j\sqrt{3}+Ts)(-3-j\sqrt{3}+Ts)}{(3+j\sqrt{3}+Ts)(3-j\sqrt{3}+Ts)}$$
(3.37c)

3種の近似のいずれにおいても，ゼロ次近似（$s$のゼロ乗項での近似）は正確に達成されている点に注意されたい。また，式(3.37a)，(3.37c)が示しているように，近似有理多項式の分母多項式と分子多項式において，$Ts$の根は，複素数平面の虚軸に対して対称の関係にある。

### 3.3.3 微分演算子とラプラス演算子

聡明な読者は6基本要素の例を通して理解したように，「線形時不変システムの伝達関数は，システムがむだ時間をもたなければ，微分方程式における微分演算子 $d/dt$ を形式的にラプラス演算子 $s$ に置換することにより得ることができる」。すなわち，次の形式的な演算子置換関係が成立している。

$$\frac{d}{dt} \leftrightarrow s \tag{3.38}$$

以降では，この点を考慮し，記号 $s$ をラプラス演算子あるいは微分演算子として利用する。

以下の伝達関数の導出などを課題とするので，読者は解答を試みられたい。

**課題 3.1**

（1）**近似微分回路**　図3.16(a)の近似微分回路に関し，回路方程式を立てて，式(3.31)の伝達関数を導出せよ。

（2）**電圧検出回路**　図3.17(a)の電圧検出回路に関し，回路方程式を立てて，式(3.35)の伝達関数を導出せよ。

（3） **電圧検出回路**　鳳-テブナンの定理を説明せよ。
（4） **RLC 回路 I**

　1） 図 3.18 に示す RLC 直列回路において，入力電圧端 $\alpha\beta$ から出力電圧端 cd に至る伝達関数は式 (3.20) で与えられた。入力電圧端 $\alpha\beta$ から出力電圧端 bc に至る伝達関数 $G_{bc}(s)$ は次式となることを示せ。

$$G_{bc}(s) = \frac{RCs}{LCs^2 + RCs + 1} = \frac{\dfrac{R}{L}s}{s^2 + \dfrac{R}{L}s + \dfrac{1}{LC}}$$

また，伝達関数 $G_{bc}(s)$ は，$L = 0$ とする場合には，式 (3.31) の伝達関数に帰着されることを確認せよ。

　2） 図 3.18 に示す RLC 直列回路において，入力電圧端 $\alpha\beta$ から出力電圧端 ab に至る伝達関数 $G_{ab}(s)$ は次式となることを示せ。

$$G_{ab}(s) = \frac{LCs^2}{LCs^2 + RCs + 1} = \frac{s^2}{s^2 + \dfrac{R}{L}s + \dfrac{1}{LC}}$$

（5） **RLC 回路 II**

　1） 図 3.19 に示す RLC 直並列回路において，入力電圧端 $\alpha\beta$ から出力電圧端 bc に至る伝達関数 $G_{bc}(s)$ は次式となることを示せ。

$$G_{bc}(s) = \frac{Ls}{RLCs^2 + Ls + R} = \frac{\dfrac{1}{RC}s}{s^2 + \dfrac{1}{RC}s + \dfrac{1}{LC}}$$

また，伝達関数 $G_{bc}(s)$ は，$L = \infty$ とする場合には，式 (3.12c) の伝達

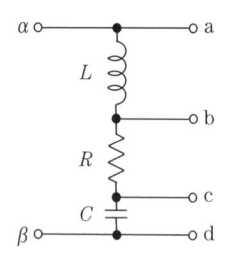

図 3.18　RLC 直列回路

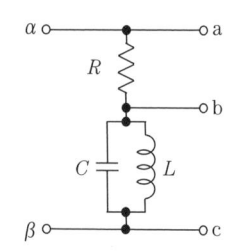

図 3.19　RLC 直並列回路

関数に帰着されることを確認せよ。

2) 図 3.19 に示す RLC 直並列回路において，入力電圧端 $\alpha\beta$ から出力電圧端 ab に至る伝達関数 $G_{ab}(s)$ は次式となることを示せ。

$$G_{ab}(s) = \frac{RLCs^2 + R}{RLCs^2 + Ls + R} = \frac{s^2 + \dfrac{1}{LC}}{s^2 + \dfrac{1}{RC}s + \dfrac{1}{LC}}$$

また，伝達関数 $G_{ab}(s)$ は，$L = \infty$ とする場合には，式 (3.31) の伝達関数に帰着されることを確認せよ。

(6) RLC 回路 III

1) 図 3.20 に示す RLC 直並列回路において，入力電圧端 $\alpha\beta$ から出力電圧端 bc に至る伝達関数 $G_{bc}(s)$ は次式となることを示せ。

$$G_{bc}(s) = \frac{Ls + R}{RLCs^2 + Ls + R} = \frac{\dfrac{1}{RC}s + \dfrac{1}{LC}}{s^2 + \dfrac{1}{RC}s + \dfrac{1}{LC}}$$

また，伝達関数 $G_{bc}(s)$ は，$L = \infty$ とする場合には，式 (3.12c) の伝達関数に帰着されることを確認せよ。

2) 図 3.20 に示した RLC 直並列回路において，入力電圧端 $\alpha\beta$ から出力電圧端 ab に至る伝達関数 $G_{ab}(s)$ は次式となることを示せ。

$$G_{ab}(s) = \frac{RLCs^2}{RLCs^2 + Ls + R} = \frac{s^2}{s^2 + \dfrac{1}{RC}s + \dfrac{1}{LC}}$$

また，伝達関数 $G_{ab}(s)$ は，$L = \infty$ とする場合には，式 (3.31) の伝達関数に帰着されることを確認せよ。

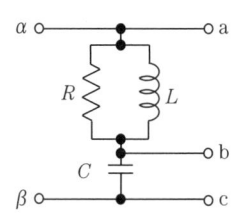

図 3.20 RLC 直並列回路

# 4 ブロック線図による システム表現

　線形時不変システムの表現法として，微分方程式，伝達関数，状態方程式，ブロック線図，信号線図などの方法が知られている．制御技術者として，少なくとも修得しておく必要があるのが伝達関数とブロック線図である．本章では，ブロック線図の描画法，変換法，さらには，ブロック線図の入力端から出力端に至る伝達関数の導出法を説明する．

## 4.1 ブロック線図の表現能力と有用性

　線形時不変システムの代表的表現方法として，伝達関数，状態方程式がある．伝達関数はシステムの入出力関係のマクロ的把握に有効である．一方，状態方程式は入出力関係のみならず，特定の内部状態の変化をとらえる上で有効である．しかし，いずれの表現方法も，システムの内部構造を的確に表現できる能力はもち合わせていない．これを補うものが，ブロック線図（block diagram）である．ブロック線図では，システム内部の構造や機能に合わせた形でのブロック構成が可能であり，しかもシステム内信号の流れもブロック間信号線を用いて表現することができる．これに加え，伝達関数や状態方程式がもち合わせない目視的理解を促す表現能力も有している．ブロック線図の表現能力に着目し，最近のシミュレーションソフトウェアの多くは，ブロック線図の描画を通じてプログラミングを行う形態をとっている．この種のソフトウェアでは，ブロック線図描画の完了がプログラミングの完了を意味する．
　以上のように，ブロック線図は制御技術者にとっては，きわめて有用性の高いものであり，これを理解しておく必要がある．

## 4.2 ブロック線図の描画法

### 4.2.1 4基本要素と描画ルール

ブロック線図に関しては，じつは，1章において図1.1～1.4を用いて初回の，しかし粗い紹介をしている。読者の多くが無意識のうちにこれら表現を受け入れたように，ブロック線図は，なじみのある表現法である。本項では，ブロック，信号線，加筆点，分岐点の4基本要素で構成されるブロック線図の厳密な描画ルールを説明する。ルールはきわめて簡単である。

〔1〕 **ブロックと信号線**　図4.1(a)を考える。同図における信号は，以下のラプラス変換対の関係にある。

$$U(s) = \mathcal{L}\{u(t)\}, \quad Y(s) = \mathcal{L}\{y(t)\}, \quad G(s) = \mathcal{L}\{g(t)\} \tag{4.1}$$

図4.1(a)において，四角をブロック（block），矢印を信号線（signal flow）と呼ぶ。これらは，以下のルールに従い描画されている。

【描画ルール】

① 信号は，信号線上を矢印の方向へのみ伝達される。すなわち，信号は一方向へのみ伝達される。

② 信号線の前端はブロックへの入力を，また，末端はブロックからの出力を意味する。ブロックへの入力あるいはブロックからの出力を明示するために，対応信号線の先端あるいは末端はブロックと接続させる。

③ 伝達される信号の表示は，信号線の近傍に，時間信号 $u(t), y(t)$ またはそのラプラス変換 $U(s), Y(s)$ を用い行う。

④ ブロックの表記には，ブロックが表現するシステムのインパルス応答

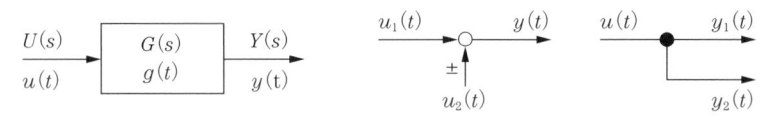

（a）ブロックと信号線　　　　　（b）加算点と分岐点

図4.1　ブロック線図の4基本要素

$g(t)$ またはそのラプラス変換 $G(s)$ を用いる。

◇

ブロック表記にはブロックが表現するシステムの伝達関数 $G(s)$ を利用し，信号線表記にはこれを用いて伝達される時間信号 $u(t), y(t)$ を利用するといった混合表記を利用することが多い。ブロック表記を伝達関数 $G(s)$ で行うならば，信号線表記にも時間信号 $u(t), y(t)$ に代わってこのラプラス変換 $U(s), Y(s)$ で行ったほうが，周波数領域としての整合性がとれ，良いように推測される。しかし，必ずしもそうではない。システムによっては，信号どうしの乗算を必要とするものがある。時間信号の乗算は，ラプラス変換による表記の場合には，畳込み積分にする必要があり，この場合，表記が複雑化する。ブロック線図プログラミング方式によるシミュレーションソフトウェアの多くも，上述の混合形表記を採用している。混合形表記の場合，信号線の分岐・モニタにより，シミュレータが元来目的とした時間信号を観察でき，簡明性を維持できる。なお，「ブロック表記を伝達関数 $G(s)$，信号線表記を時間信号 $u(t), y(t)$」とする混合表記において整合性を求めるならば，$G(s)$ を構成する演算子 $s$ を微分演算子と解釈すればよい（3.3.3項参照）。

〔2〕**加算点と分岐点** 図 4.1（b）を考える。同図の左図，右図は，それぞれ次式を意味している。

$$y(t) = u_1(t) \pm u_2(t) \tag{4.2a}$$

$$y_1(t) = y_2(t) = u(t) \tag{4.2b}$$

式 (4.2a) を意味する左図の白丸は，加算点（summing point）あるいは加え合わせ点と呼ばれる。一方，式 (4.2b) を意味する右図の黒丸は，分岐点（take-off point）あるいは引出し点と呼ばれる。これらの描画に際し，注意すべきは，次のとおりである。

【描画ルール】

① 加算点は白丸で表示。加算点では，加算・減算のいずれの処理が遂行されるかを明示すべく，＋記号または－記号を記入する。＋記号の記入は，図の輻輳（ふくそう）を避けるべく，通常は省略する。

② 分岐点は黒丸で表示．

③ 加算点では，信号線の先端を白丸に接合させる．一方，分岐点では信号線の末端を黒丸に接合させる．

◇

線形時不変システムに関しては，ブロック，信号線，加算点，分岐点の 4 基本要素で，このブロック線図を描画することができる．

### 4.2.2 ブロック線図の描画例

本項では，ブロック線図描画の習熟を目的に，4 基本要素を用いた描画の具体的数例を示す．

〔1〕 **近似積分回路（RC 回路）** 図 3.11(a)に示した近似積分回路を考える．式(3.12a)の微分方程式において，電流 $i(t)$ に着目すると，図 4.2 のブロック線図を得る．本ブロック線図の物理的意味は，すでに明白である．

〔2〕 **近似微分回路（RC 回路）** 図 3.16(b)に示した近似微分回路を考える．近似積分回路が RC 回路のキャパシタンス両端の電圧を出力としたのに対し，近似微分回路は RC 回路の抵抗両端の電圧を出力とするものである．この観点より，図 4.3 のブロック線図を描画することができる．

〔3〕 **RL 回路** 図 2.2(a)に示した RL 回路を考える．式(2.73a)の微分方程式は，可変電圧 $v_{in}(t)$ に関しては，次のように表現することができる．

$$\frac{d}{dt}(Li(t)) = v_{in}(t) - Ri(t) \tag{4.3}$$

式(4.3)において電流 $i(t)$ に着目すると，図 4.4 のブロック線図を得る．本

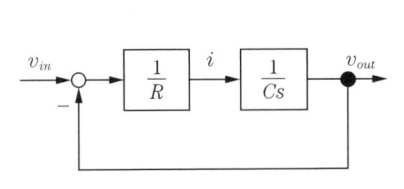

図 4.2 近似積分回路のブロック線図 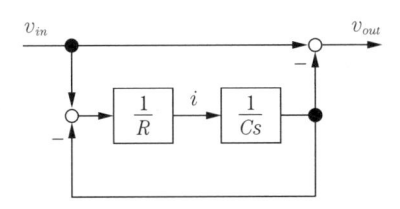   図 4.3 近似微分回路のブロック線図

図4.4 RL回路のブロック線図

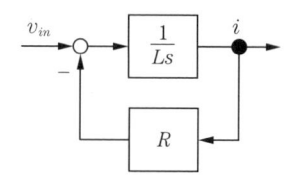

ブロック線図の物理的意味は，すでに明白である．

〔4〕 **はしご形RC回路** 図3.13に示した2段はしご形RC回路を考える．本回路の微分方程式である式(3.24)は次のように変換することができる．

$$\frac{d}{dt}(C_1 v_1(t) + C_2 v_2(t)) = \frac{v_{in}(t) - v_1(t)}{R_1} \tag{4.4a}$$

$$\frac{d}{dt}(C_2 v_2(t)) = \frac{v_1(t) - v_2(t)}{R_2} \tag{4.4b}$$

式(4.4)の左辺に注意すると，図4.5のブロック線図を得る．同図には，抵抗$R_1, R_2$に流れる電流をおのおの$i_1(t), i_2(t)$として表示している．すなわち

$$i_1(t) = \frac{v_{in}(t) - v_1(t)}{R_1}, \quad i_2(t) = \frac{v_1(t) - v_2(t)}{R_2}$$

これより，本ブロック線図が意味する物理的意味はすでに明白である．

〔5〕 **永久磁石界磁のDCモータ** 永久磁石界磁をもつDCモータ（直流モータ，DC motor）の動作は，次式により表現することができる．

$$L\frac{d}{dt}i(t) + Ri(t) = v(t) - K\omega_m(t) \tag{4.5a}$$

$$\tau(t) = Ki(t) \tag{4.5b}$$

$$J_m \frac{d}{dt}\omega_m(t) + D_m \omega_m(t) = \tau(t) \tag{4.5c}$$

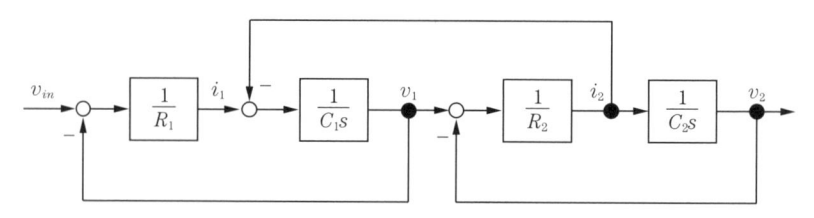

図4.5 2段はしご形RC回路のブロック線図

ここに，$v(t), i(t), \tau(t), \omega_m(t)$ は，おのおの，電機子（armature）へ印加される電圧（voltage），これに応じて電機子に流れる電流（current），電機子に発生するトルク（torque），電機子の回転速度（speed）を意味している．また，$L, R, J_m, D_m$ は，電機子のインダクタンス（inductance），抵抗（resistance），慣性モーメント（moment of inertia），粘性摩擦係数（viscous friction coefficient）であり，$K$ はトルク定数（torque constant）および誘起電圧定数（electromotive force constant）である[†]．永久磁石界磁のDCモータでは，トルク定数と誘起電圧定数は同一である．

式(4.5)に従うならば，図4.6のブロック線図を得ることができる．同図における最左端のブロック $1/(Ls+R)$ は，式(4.5a)に基づいた電圧と電流との関係，すなわち図4.4と同一のアドミタンスの関係を表現している．次のブロック $K$ は，式(4.5b)に基づくものであり，フレミングの左手則（Fleming's left-hand rule）に従い電流に比例してトルクが発生する様子を示している．最右端のブロックは式(4.5c)，(3.15)に基づくものであり，発生トルクに応じて生じる回転速度を表現している．誘起電圧定数 $K$ を用いたフィードバック信号は，フレミングの右手則（Fleming's right-hand rule）に従い，回転速度に比例して誘起電圧 $K\omega_m(t)$ が印加電圧 $v(t)$ を打ち消すように発生する様子を表現している．

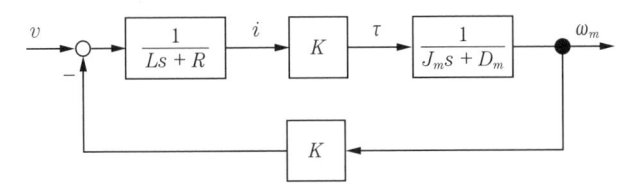

図4.6 永久磁石界磁・DCモータのブロック線図

---

[†] 誘起電圧（induced voltage）の厳密な用語は，誘起起電力（back electromotive force），速度起電力（speed electromotive force）である．厳密な用語に反して，これは電力ではなく電圧であり，単位は（V）である．このためか，モータ駆動制御の分野では，誘起起電力，速度起電力に代わって，誘起電圧なる用語が多用されている．本書はこれに従った．

## 4. ブロック線図によるシステム表現

**〔6〕 永久磁石界磁のDC発電機**　DCモータに外部よりトルクを与え，電機子を強制的に回転する場合には，電機子端子に電圧が発生し，本モータはDC発電機（直流発電機，DC generator）として動作する。基本的には，DCモータとDC発電機は同一であり，ブロック線図においてもこの同一性は維持される。DC発電機の動作は，式(4.5)に対応して表現するならば，以下のように記述される。

$$J_m \frac{d}{dt}\omega_m(t) + D_m\omega_m(t) = \tau(t) - Ki(t) \tag{4.6a}$$

$$v(t) = K\omega_m(t) \tag{4.6b}$$

$$L\frac{d}{dt}i(t) + Ri(t) = v(t) \tag{4.6c}$$

パラメータの意味は，基本的にはモータの場合と同一である。ただし，抵抗とインダクタンスに関しては，電機子と電機子端子に接続された電気負荷を含んだ値としている。

式(4.6)に従うならば，図4.7のブロック線図を得ることができる。同図における最左端のブロックは，式(4.6a)に基づき，外部印加トルクと電機子速度の関係を表現している。次のブロック$K$は，式(4.6b)に基づくものであり，フレミングの右手則に従い回転速度に比例して電圧が発生する様子を示している。最右端のブロックは式(4.6c)の関係，すなわち発生電圧に対する電流の関係を表現している。トルク定数$K$を用いたフィードバック信号は，フレミングの左手則に従い，電流に応じたトルクが，外部印加トルクを打ち消すように，内部に発生する様子を示している。

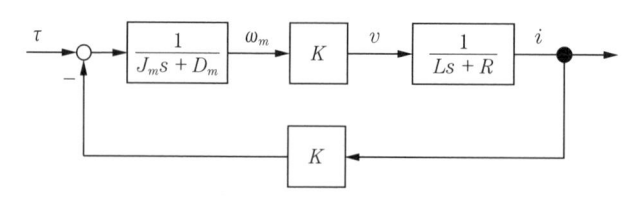

図4.7　永久磁石界磁・DC発電機のブロック線図

以下を課題として残しておくので，読者は解答を試みよ．

**課題 4.1**　図 3.13 に示した 2 段はしご形 RC 回路に，さらにもう 1 段 RC 回路を単調に接続すると，3 段はしご形 RC 回路が得られる．図 4.5 の 2 段はしご形 RC 回路のブロック線図を参考にして，3 段はしご形 RC 回路のブロック線図を描画せよ（ヒント：本ブロック線図は，2 段はしご形 RC 回路のブロック線図の単調な拡張となる）．

## 4.3　ブロック線図の等価変換法

図 4.2〜4.7 を用いた数例よりすでに明らかなように，ブロック線図では，システムの内部機能や実状に合わせた形でのブロック構成が可能であり，しかもシステム内信号の流れもブロック間信号線を用いて表現することができる．これに加え，目視的理解を促す表現能力も有している．しかしながら，ブロック線図は，細部にわたり機能表現しようとする場合には複雑になることがある．いくつかのブロックを集約することにより，全体的に見通しのよいブロック線図を得ることも可能である．本節では，この方法を等価変換法として説明する．

### 4.3.1　ブロック線図の 3 結合

ブロック線図における信号線の結合方法は，直列結合，並列結合，フィードバック結合の 3 結合に整理することができる．以下，これらを個別に説明する．

〔1〕**直列結合**　次の関係式を考える．

$$U_2(s) = G_1(s)U_1(s), \quad Y(s) = G_2(s)U_2(s) \tag{4.7a}$$

上式より，ただちに次の関係を得る．

$$Y(s) = G(s)U_1(s), \quad G(s) = G_2(s)G_1(s) = G_1(s)G_2(s) \tag{4.7b}$$

式 (4.7) の関係は，図 4.8 ( a ) のように描画することができる．同図は，直列結合の 2 個のブロックは，おのおのの伝達関数の積を伝達関数とする 1 個の

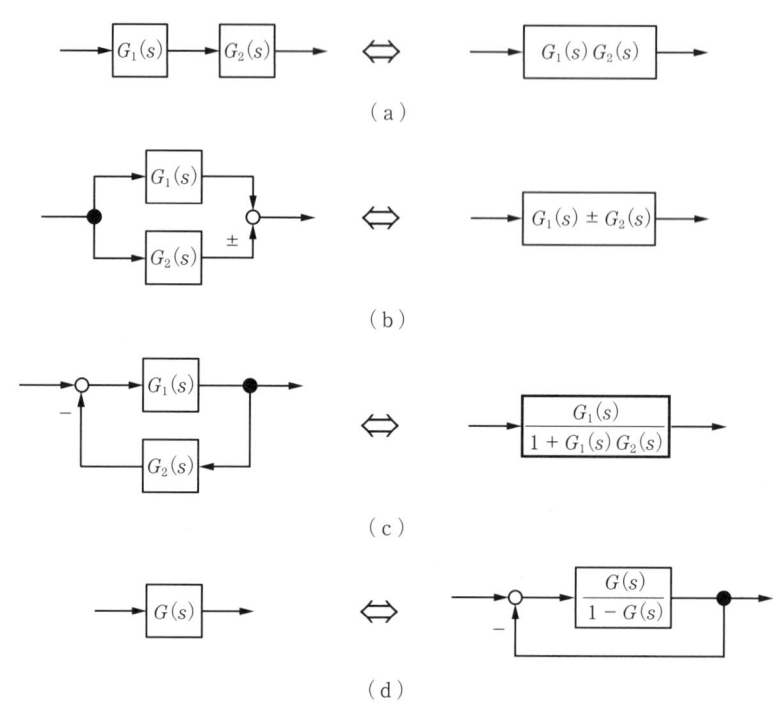

図4.8 3結合の例

ブロックに集約できることを示している。また，この逆も示している。

〔2〕 並列結合　　次の関係式を考える。

$$Y(s) = Y_1(s) \pm Y_2(s) \\ Y_1(s) = G_1(s)U(s), \quad Y_2(s) = G_2(s)U(s) \Bigg\} \quad (4.8\text{a})$$

上式より，ただちに次の関係を得る。

$$Y(s) = G(s)U(s), \quad G(s) = G_1(s) \pm G_2(s) \quad (4.8\text{b})$$

式(4.8)の関係は，図4.8(b)のように描画することができる。同図は，並列結合の2個のブロックは，おのおのの伝達関数の和を伝達関数とする一つのブロックに集約できることを示している。また，この逆も示している。

〔3〕 フィードバック結合　　次の関係式を考える。

$$E(s) = U(s) - G_2(s)Y(s), \quad Y(s) = G_1(s)E(s) \quad (4.9\text{a})$$

上式において$E(s)$を消去し，$Y(s), U(s)$について整理すると，次の関係を得る。

$$Y(s) = G(s)U(s), \quad G(s) = \frac{G_1(s)}{1 + G_1(s)G_2(s)} \tag{4.9b}$$

式(4.9)の関係は,図4.8(c)のように描画することができる.同図は,フィードバック結合された2個のブロックは,おのおのの伝達関数からなる式(4.9b)の第2式を伝達関数とする1個のブロックに集約できることを示している.図4.8(c)においては,フィードバック信号の加算時の符号に注意されたい.フィードバック信号は,通常は,符号反転の上で加算(すなわち,減算)される.

図4.8(c)の左端のフィードバック結合においては,伝達関数 $G_1(s), G_2(s)$ は,おのおの,フォワード伝達関数 (forward transfer function, direct transfer function),フィードバック伝達関数 (feedback transfer function) と呼ばれる.両伝達関数の積 $G_1(s) G_2(s)$ は,開ループ伝達関数 (open-loop transfer function) あるいは一巡伝達関数 (loop transfer function) と呼ばれる.これに対して,式(4.9b)の第2式の集約した伝達関数 $G(s)$ は,閉ループ伝達関数 (closed-loop transfer function) と呼ばれる.

なお,式(4.9b)を利用するならば,図4.8(d)に示した変換も可能であることがわかる.本変換は,システムの理解・再構成に利用することがある.

### 4.3.2 加算点と分岐点の移動

ブロック線図の等価変換には,複数ブロックの集約と同時に,加算点,分岐点の移動が有効である.次にこれらを示す.

〔1〕 **加算点の移動** 伝達関数に関しては,明らかに次の関係が成立する.

$$Y(s) = G(s)U_1(s) \pm U_2(s) = G(s)\left(U_1(s) \pm \frac{1}{G(s)} U_2(s)\right) \tag{4.10}$$

上式の関係は,図4.9(a)のように,加算点の移動として描画される.加算点が,ブロック $G(s)$ の出力端側から入力端側に移動している点に注意されたい.同様にして,入力端側にある加算点を出力端側に移動することも可能である.

〔2〕 **分岐点の移動** 次式に示した信号分岐を考える.

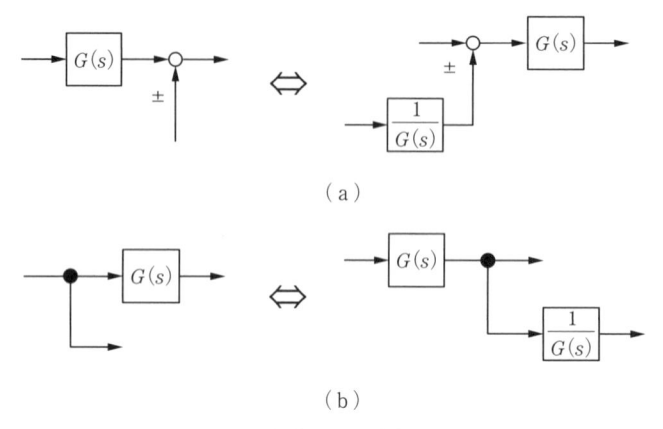

図4.9 加算点,分岐点の移動例

$$Y_1(s) = G(s)U(s), \quad Y_2(s) = U(s) \tag{4.11a}$$

上式は,次式のように書き改めることができる。

$$Y_1(s) = G(s)U(s), \quad Y_2(s) = \frac{1}{G(s)}(G(s)U(s)) = \frac{1}{G(s)}Y_1(s) \tag{4.11b}$$

式(4.11)の関係は,図4.9(b)のように分岐点の移動として描画される。分岐点がブロック $G(s)$ の入力端側から出力端側に移動している点に注意されたい。同様にして,出力端側にある分岐点を入力端側に移動することも可能である。

### 4.3.3 伝達関数の評価

ブロック線図のブロック集約を単一ブロックまで遂行することにより,ブロック線図の入力端から出力端に至る伝達関数を得ることができる。本項では,ブロック線図の3結合,加算点と分岐点の移動の習熟を兼ねて,これを紹介する。

〔1〕 DCモータ 図4.6のDCモータを考える。本ブロック線図は,次のフォワード伝達関数 $G_1(s)$ とフィードバック伝達関数 $G_2(s)$ とをもつ閉ループシステムととらえることができる。

4.3 ブロック線図の等価変換法

$$G_1(s) = \frac{K}{(Ls+R)(J_m s + D_m)}, \quad G_2(s) = K \quad (4.12\text{a})$$

上のフォワード伝達関数の集約に際しては，三つの構成要素が直列結合されている点を利用している（式(4.7)，図4.8(a)参照）。式(4.12a)を式(4.9b)の第2式に用いると，次の閉ループ伝達関数を得る（図4.8(c)参照）。

$$G(s) = \frac{G_1(s)}{1 + G_1(s)G_2(s)}$$

$$= \frac{K}{J_m L s^2 + (D_m L + J_m R)s + (D_m R + K^2)} \quad (4.12\text{b})$$

〔2〕**簡易な2自由度制御システム** 図4.10(a)を考える。本ブロック線図は，簡易形の2自由度（two degrees of freedom）制御システムと呼ばれるものである。本ブロック線図は，アウタループの内側にインナループをもつ例となっている。このようなフィードバックループ混在の場合には，インナループから集約を図るのが集約の鉄則である。インナループは，次のフォワード伝達関数 $G_{in1}(s)$，フィードバック伝達関数 $G_{in2}(s)$ を有する。

$$G_{in1}(s) = \frac{K_t}{J_m s}, \quad G_{in2}(s) = K_p \quad (4.13\text{a})$$

したがって，式(4.9b)の第2式を参考にすると（図4.8(c)参照），インナループの閉ループ伝達関数は次式となる。

$$G_{in}(s) = \frac{G_{in1}(s)}{1 + G_{in1}(s)G_{in2}(s)} = \frac{K_t}{J_m s + K_p K_t} \quad (4.13\text{b})$$

図4.10(b)に，インナループを集約したブロック線図を示した。同図より明白なように，アウタループは，次のフォワード伝達関数 $G_1(s)$，フィードバ

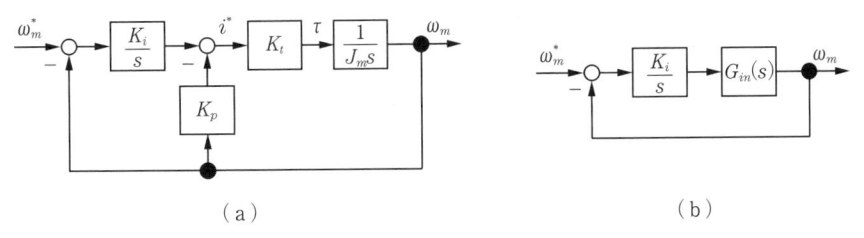

(a)　　　　　　　　　　　　(b)

図4.10　簡易な2自由度制御システムとその等価変換例

ック伝達関数 $G_2(s)$ を有する。

$$G_1(s) = \frac{K_i}{s} G_{in}(s) = \frac{K_i K_t}{s(J_m s + K_p K_t)}, \quad G_2(s) = 1 \quad (4.14\text{a})$$

これより，次の閉ループ伝達関数を得る。

$$G(s) = \frac{G_1(s)}{1 + G_1(s)G_2(s)} = \frac{K_i K_t}{J_m s^2 + K_p K_t s + K_i K_t} \quad (4.14\text{b})$$

本閉ループ伝達関数は基本的な 2 次遅れ要素となっている。本閉ループ伝達関数に関しては，式(4.14b)と式(3.17c)との比較より次の関係を得る。

$$\omega_n^2 = \frac{K_i K_t}{J_m}, \quad 2\zeta\omega_n = \frac{K_p K_t}{J_m} \quad (4.15\text{a})$$

これより，ただちに次の固有周波数，減衰係数を得る。

$$\omega_n = \sqrt{\frac{K_i K_t}{J_m}}, \quad \zeta = \frac{1}{2\omega_n} \cdot \frac{K_p K_t}{J_m} = \frac{1}{2}\sqrt{\frac{K_t}{K_i J_m}} K_p \quad (4.15\text{b})$$

〔3〕 **基本的な 2 自由度制御システム** 図 4.11(a)を考える。本ブロック線図は，2 自由度制御システムの中でも代表的な構造をもつものである。本ブロック線図の特徴は，入力端からループ内の加算点に向けフィードフォワード制御器 $C_f(s)$ を有している点にある。加算点の位置を，ブロック $C_b(s)$ の出力端側から入力端側に移動すると，同図(b)を得る (図 4.9(a)参照)。本ブロック線図は，伝達関数 $G_1(s)$ と $G_2(s)$ との直列結合である。このときの $G_1(s)$ は並列結合で，$G_2(s)$ はフィードバック結合で構成されており，おのおの，次式で与えられる。

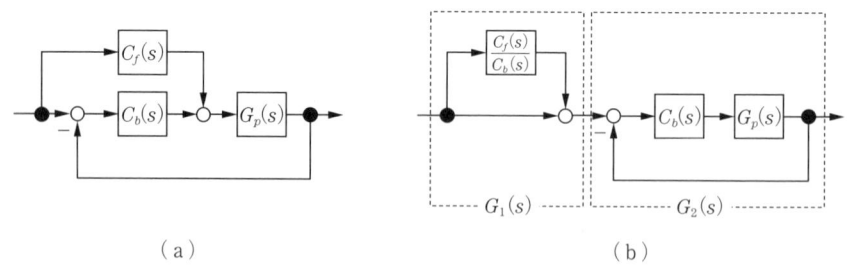

(a)

(b)

図 4.11 2 自由度制御システムの直列形等価ブロック線図

$$G_1(s) = 1 + \frac{C_f(s)}{C_b(s)}, \quad G_2(s) = \frac{C_b(s)G_p(s)}{1 + C_b(s)G_p(s)} \quad (4.16a)$$

これより，閉ループ伝達関数を以下のように得る．

$$G(s) = G_1(s)G_2(s) = \frac{(C_f(s) + C_b(s))G_p(s)}{1 + C_b(s)G_p(s)} \quad (4.16b)$$

本制御システムの特長は，伝達関数の分子部分をフィードフォワード制御器 $C_f(s)$ で自由に設計できる点にある．一方，伝達関数の分母部分は，フィードバック制御器 $C_b(s)$ で自由に設計できる．このように，本伝達関数は，設計上，二つの自由度を有している．

〔4〕 **はしご形 RC 回路** 図 3.13 に示した 2 段はしご形 RC 回路のブロック線図は，図 4.5 として描画された．本ブロック線図の伝達関数を，ブロック線図から求めることを考える．

図 4.5 のブロック線図は，分岐点の位置をブロック線図の最終的な出力端側へ，また，加算点の位置をブロック線図の最初の入力端側に移動すると，図 4.12 のように等価変換することができる（図 4.9 参照）．本図は，直列結合された 2 個のインナループを有するフィードバック結合と理解することができる．このときのインナループはともにフィードバック結合であり，この伝達関数 $G_{11}(s), G_{12}(s)$ はおのおの次のように求められる．

$$G_{11}(s) = \frac{1}{R_1 C_1 s + 1}, \quad G_{12}(s) = \frac{1}{R_2 C_2 s + 1} \quad (4.17a)$$

アウタループは，次のフォワード伝達関数 $G_1(s)$ とフィードバック伝達関数 $G_2(s)$ からなるフィードバック結合を構成している．

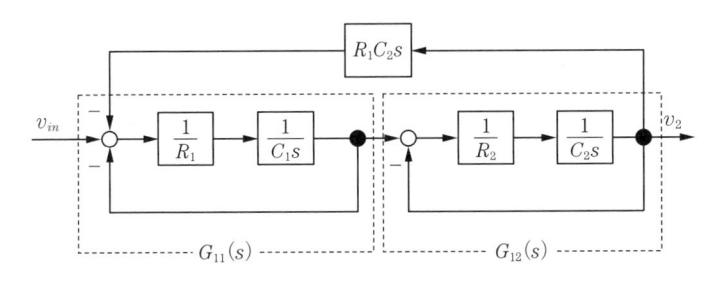

図 4.12 2 段はしご形 RC 回路の等価ブロック線図

$$G_1 = G_{11}(s)\, G_{12}(s) = \frac{1}{(R_1C_1s+1)(R_2C_2s+1)}, \quad G_2(s) = R_1C_2s$$

(4.17b)

したがって，閉ループ伝達関数は以下のように求められる．

$$\begin{aligned}G(s) &= \frac{G_1(s)}{1+G_1(s)G_2(s)} \\ &= \frac{1}{(R_1C_1s+1)(R_2C_2s+1)+R_1C_2s}\end{aligned}$$

(4.17c)

式(4.17c)は，2段はしご形ＲＣ回路の微分方程式をラプラス変換し求めた伝達関数である式(3.27)と同一である．

以下を課題として残しておくので，読者は解答を試みよ．

**課題 4.2**

（1） **DC 発電機** 　図 4.7 の DC 発電機の閉ループ伝達関数を求めよ．これに基づき，まず，本伝達関数が，DC モータの閉ループ伝達関数と形式的に等しくなることを確認せよ．次に，この理由を述べよ．

（2） **2 自由度制御システム** 　図 4.11（a）に示した 2 自由度制御システムのブロック線図は，図 4.13 のように 2 個の伝達関数 $G_1(s), G_2(s)$ の並列結合としてとらえることも可能である．これは，システムの線形性によるものである．線形システムにおいては，複数の入力がある場合の総合的な出力は，個々の入力に対する出力の単純和となる．2 個の伝達関数 $G_1(s), G_2(s)$ を求め，これを式(4.8)の並列結合の関係式に用いて，2 自由度制御システムの伝達関数を求めよ．

（3） **同一レベルの 2 フィードバックループを有するシステム** 　図 4.14 のブロック線図で表現された，同一レベルの 2 フィードバックループを有するシステムを考える．本ブロック線図において，まず，ブロック $H_1(s)$ の入力信号を得る分岐点，あるいは $H_1(s)$ の出力信号のための加算点を移動して，システムの伝達関数を求めよ．次に，ブロック $H_2(s)$ の入力信号を得る分岐点，あ

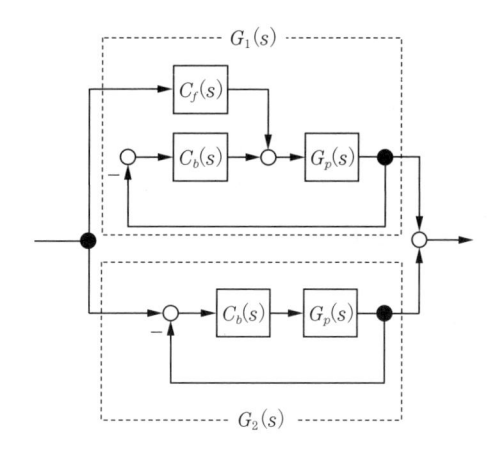

4.3 ブロック線図の等価変換法    73

図 4.13  2 自由度制御システムの並列形等価ブロック線図

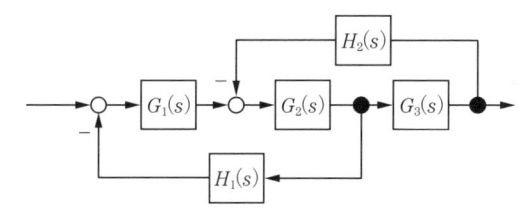

図 4.14  同一レベルの 2 フィードバックループをもつブロック線図の例

るいは $H_2(s)$ の出力信号のための加算点を移動して，システムの伝達関数を求めよ．両伝達関数がともに次式に等しくなることを確認せよ．

$$G(s) = \frac{G_1(s)G_2(s)G_3(s)}{1 + H_1(s)G_1(s)G_2(s) + H_2(s)G_2(s)G_3(s)}$$

# 5 システム評価のための時間応答

　制御対象の特性把握，制御対象に制御装置を付加して構成した制御システムの性能評価は，これらに入力信号を加え，その応答である出力信号の観察を介して行う。この種の応答は，時間応答と周波数応答とに大別される。本章では，時間応答について説明する。

## 5.1 時間応答の概要

　制御対象の特性把握および制御対象に制御装置を付加して構成した制御システムの性能評価には，これらに入力信号を加え，その出力信号の観察を通じて行うのが一般的である。入力信号に対する出力信号を応答（response）という。線形システムの出力信号は，2.4節で説明したように，システム内部の初期状態に起因する出力信号と外部から印加した入力信号に起因する出力信号との和となる。入力信号に起因した出力信号が，特性把握，性能評価のための応答として利用される。換言するならば，応答の取得は，システム内部の初期状態がゼロ，あるいはこの影響が消滅している状態で行う必要がある。これらの応答は，時間応答（time response）と周波数応答（frequency response）とに大別される。本章では時間応答について学ぶ。

　時間応答は，図2.2(b)を用いて概説したように，時間的視点からは，過渡応答（transient response）と定常応答（steady-state response）に分割することができる。特性把握，性能評価の観点から重要な応答は過渡応答である。このため，時間応答と過渡応答とが同義で使用される場合もある。

　システムの時間応答取得のために印加すべき入力信号としては，デルタ関

数,ステップ関数,ランプ関数などがある。これらに対応した応答は,おのおの,インパルス応答（impulse response），ステップ応答（step response），ランプ応答（ramp response）と呼ばれる。ステップ応答は,インディシャル応答（indicial response）と呼ばれることもある。デルタ関数は,振幅無限大の信号であり,実際には発生することも,システムに印加することもできない。特性把握,性能評価のための時間応答としては,ステップ応答が多用されている。ステップ応答を得るための印加すべきステップ関数の振幅は,必ずしも1とは限らない。適切な振幅レベルの応答が得られるように,ステップ関数の振幅レベルは,個々の制御対象,制御システムに応じて変更することになる。

個々の制御対象,制御システムの時間応答を介した特性把握,性能評価の基本は,基本要素である1次遅れ要素,2次遅れ要素のステップ応答の理解にある。これらの説明に先立ち,これに必要な用語の説明を行う。

## 5.2 ステップ応答における用語

図5.1にステップ応答の一例を示した。本例を用いて,ステップ応答の過渡時の主要な用語を説明する。これは,速応性（速い応答性,responsivity）に関するものと安定性（stability,安定性に関しては7章で詳述）に関するものに分類することができる。

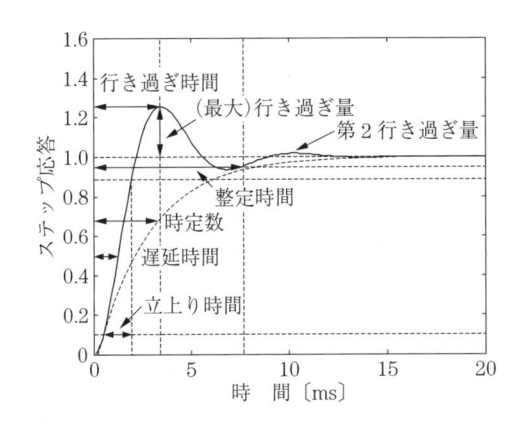

図5.1 ステップ応答の一例と用語

〔1〕 速応性に関する用語

1) **時 定 数**　時定数（time constant）$T_c$ とは，支配的な指数減数項 $e^{-at}$ における指数部の逆数，すなわち $T_c = 1/a$ をいう。支配的時定数（predominant time constant）と呼ばれることもある。非振動的なステップ応答において応答が定常値の約 63 % に到達する時間を，振動を伴うステップ応答において応答の下側包絡線が定常値の約 63 % に到達する時間を，時定数と呼ぶこともある。

2) **整 定 時 間**　整定時間（settling time）$T_{st}$ とは，ステップ応答が定常値に対して誤差 ±5 % に整定するまでの時間をいう。なお，誤差 ±5 % に代わって，誤差 ±2 % で整定時間を定義する場合もある。

3) **遅 延 時 間**　遅延時間（delay time）$T_d$ とは，ステップ応答が定常値の 50 % に到達する時間をいう。遅れ時間と呼ばれることもある。

4) **立上り時間**　立上り時間（rise time）$T_r$ とは，ステップ応答が定常値の 10 % を通過し 90 % に到達するまでの時間をいう。なお，まれに 5 % を通過し 95 % に到達する時間，あるいは 0〜100 % に至る時間をいうこともある。

5) **行き過ぎ時間**　行き過ぎ時間（time to peak）$T_p$ とは，行き過ぎ量が発生するまでの時間をいう。

〔2〕 安定性に関する用語

1) **行き過ぎ量**　行き過ぎ量（overshoot）とはステップ応答における最大値と定常値との差をいう。最大行き過ぎ量（maximum overshoot）ともいう。

2) **振幅減衰比**　振幅減衰比（amplitude damping ratio）$A_d$ とは，ステップ応答が振動的であるとき，最大行き過ぎ量 $y_{o1}$ と，これに次ぐ行き過ぎ量 $y_{o2}$ の比 $y_{o2}/y_{o1}$ をいう。

## 5.3　1次遅れ要素の時間応答

式(3.9)，(3.10)を用い説明したように，1次遅れ要素の伝達関数と単位ステップ関数に対するステップ応答とは，おのおの，以下のように与えられる。

## 5.3 1次遅れ要素の時間応答

$$G(s) = \frac{a_0}{s + a_0} = \frac{1}{T_c s + 1} \quad ; T_c = \frac{1}{a_0} \tag{5.1}$$

$$y(t) = \mathcal{L}^{-1}\{Y(s)\} = \mathcal{L}^{-1}\{G(s)U(s)\} = \mathcal{L}^{-1}\left\{\frac{G(s)}{s}\right\} = 1 - e^{-a_0 t} \tag{5.2}$$

式(5.2)のステップ応答を微分し，時刻 $t = 0$ で評価すると

$$\left.\frac{d}{dt}y(t)\right|_{t=0} = \left.a_0 e^{-a_0 t}\right|_{t=0} = a_0 \tag{5.3a}$$

勾配 $a_0$ をもち，かつ原点を通過する直線 $a_0 t$ が，ステップ応答の定常値 $y(\infty) = 1$ と交差する時刻 $t$ は次式となる。

$$a_0 t = 1, \quad t = \frac{1}{a_0} = T_c \tag{5.3b}$$

時刻 $t = T_c$ におけるステップ応答の値は，式(5.2)より，次式となる。

$$y(T_c) = 1 - e^{-1} \approx 0.632 \tag{5.3c}$$

図 5.2 に，式(5.2), (5.3)に基づくステップ応答 $y(t)$ を，$a_0 = 1\,000$ を条件に例示した。同図は，時間軸の単位をミリ秒（ms）として描画しているが，$t_n = a_0 t$ とする正規化時間（normalized time）を考える場合には，時間軸単位における「ミリ」を除去すればよい。

1次遅れ要素の時間応答で特に重要な関係は，次式である。

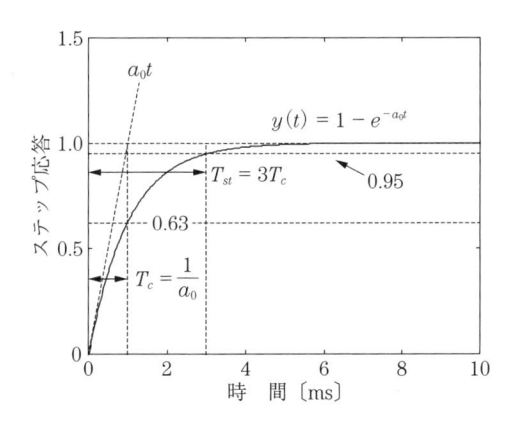

図 5.2 1次遅れ要素のステップ応答

$$T_c = \frac{1}{a_0} \tag{5.4}$$

上の $T_c$ が時定数であり，指数減数項 $e^{-a_0 t}$ における指数部 $a_0$ の逆数となっている．時定数 $T_c$ の単位は (s) すなわち秒である．式(5.3c)あるいは図5.2から理解されるように，「時定数とは，非振動的なステップ応答において，応答が定常値のおおむね63％に到達する時間」と解釈することもできる．時定数は，システムの速応性を評価するための重要な指標である．

式(5.2)に式(5.4)を用い，さらに時間 $t$ に関して求解すると

$$t = -T_c \ln(1 - y(t)) \tag{5.5}$$

式(5.5)より，時定数に対する整定時間 $T_{st}$，遅延時間 $T_d$，立上り時間 $T_r$ の関係に関し，次式を得る．

$$T_{st} = \begin{cases} -T_c \ln(0.05) \approx 3T_c \\ -T_c \ln(0.02) \approx 4T_c \end{cases} \tag{5.6a}$$

$$T_d = -T_c \ln(0.5) \approx 0.69 T_c \approx 0.7 T_c \tag{5.6b}$$

$$T_r = -T_c(\ln(0.1) - \ln(0.9)) = 2T_c \ln 3 \approx 2.2 T_c \tag{5.6c}$$

図5.2においては，時定数 $T_c$ と5％整定時間 $T_{st}$ のみを明示した．図の輻輳を回避すべく，遅延時間 $T_d$ と立上り時間 $T_r$ の表示は避けた．

なお，式(5.2)において指数的な整定を支配する因子 $e^{-a_0 t}$ は，モード (mode) と呼ばれる．

## 5.4　2次遅れ要素の時間応答

### 5.4.1　過 渡 応 答

2次遅れ要素の伝達関数は，式(3.17)に導出したように次式で与えられる．

$$G(s) = \frac{a_0}{s^2 + a_1 s + a_0} = \frac{\omega_n^2}{s^2 + 2\zeta\omega_n s + \omega_n^2} \tag{5.7}$$

したがって，2次遅れ要素に対するステップ応答のラプラス変換は次式となる．

$$Y(s) = G(s)U(s) = \frac{\omega_n^2}{s^2 + 2\zeta\omega_n s + \omega_n^2} \cdot \frac{1}{s} = \frac{1}{s} - \frac{s + 2\zeta\omega_n}{s^2 + 2\zeta\omega_n s + \omega_n^2}$$

$$\tag{5.8}$$

式(5.8)の右辺第2項の分母多項式（特性多項式）による特性方程式は，次式となり

$$s^2 + 2\zeta\omega_n s + \omega_n^2 = 0 \tag{5.9}$$

本方程式の2個の特性根は，減衰係数$\zeta$の値により，異なる実根，二重実根，共役の複素根，共役の虚根となる。この点を考慮して，式(5.8)を利用してステップ応答を求める。

**1） $\zeta > 1$の場合**　　減衰係数が1より大（$\zeta > 1$）の場合の特性根は，異なる実根となり，次のように求められる。

$$s_1 = -a\omega_n, \quad s_2 = -b\omega_n \tag{5.10a}$$

ただし

$$a = \zeta + \sqrt{\zeta^2 - 1}, \quad b = \zeta - \sqrt{\zeta^2 - 1}, \quad a > b > 0 \tag{5.10b}$$

式(5.10)を考慮するならば，式(5.8)は次式のように部分分数展開される。

$$Y(s) = \frac{1}{s} - \frac{1}{2\sqrt{\zeta^2 - 1}}\left(\frac{-b}{s + a\omega_n} + \frac{a}{s + b\omega_n}\right) \tag{5.11}$$

上式より，次のステップ応答を得る。

$$y(t) = \mathcal{L}^{-1}\{Y(s)\} = 1 - \frac{1}{2\sqrt{\zeta^2 - 1}}(-be^{-a\omega_n t} + ae^{-b\omega_n t}) \tag{5.12}$$

このときのモードは$e^{-a\omega_n t}, e^{-b\omega_n t}$である。

**2） $\zeta = 1$の場合**　　減衰係数が1（$\zeta = 1$）の場合の特性根は，二重実根となり，次のように求められる。

$$s_1 = s_2 = -\omega_n \tag{5.13}$$

式(5.13)を考慮するならば，式(5.8)は次式のように部分分数展開される。

$$Y(s) = \frac{1}{s} - \frac{s + 2\omega_n}{(s + \omega_n)^2} = \frac{1}{s} - \left(\frac{1}{s + \omega_n} + \frac{\omega_n}{(s + \omega_n)^2}\right) \tag{5.14}$$

上式より，次のステップ応答を得る。

$$y(t) = \mathcal{L}^{-1}\{Y(s)\} = 1 - e^{-\omega_n t}(1 + \omega_n t) \tag{5.15}$$

このときのモードは，$e^{-\omega_n t}, te^{-\omega_n t}$である。

**3） $0 < \zeta < 1$ の場合**　　減衰係数が $0 < \zeta < 1$ の場合には，特性根は次の共役な複素根となる。

$$s_i = (-\zeta \pm j\sqrt{1-\zeta^2})\omega_n \tag{5.16}$$

この点を考慮し，式(5.8)を以下のように展開する。

$$Y(s) = \frac{1}{s} - \frac{(s + \zeta\omega_n) + \zeta\omega_n}{(s + \zeta\omega_n)^2 + \omega_n^2 - \zeta^2\omega_n^2}$$

$$= \frac{1}{s} - \frac{(s + \zeta\omega_n) + (\zeta/\sqrt{1-\zeta^2})\sqrt{1-\zeta^2}\,\omega_n}{(s + \zeta\omega_n)^2 + (\sqrt{1-\zeta^2}\,\omega_n)^2} \tag{5.17}$$

上式より，次のステップ応答を得る。

$$y(t) = \mathcal{L}^{-1}\{Y(s)\}$$

$$= 1 - e^{-\zeta\omega_n t}\left(\cos\sqrt{1-\zeta^2}\,\omega_n t + \frac{\zeta}{\sqrt{1-\zeta^2}}\sin\sqrt{1-\zeta^2}\,\omega_n t\right)$$

$$= 1 - \frac{e^{-\zeta\omega_n t}}{\sqrt{1-\zeta^2}}\cos\left(\sqrt{1-\zeta^2}\,\omega_n t + \phi\right) \tag{5.18a}$$

ただし

$$\phi = -\tan^{-1}\frac{\zeta}{\sqrt{1-\zeta^2}} \tag{5.18b}$$

このときのモードは，$\exp((-\zeta \pm j\sqrt{1-\zeta^2})\omega_n t)$ である。

**4） $\zeta = 0$ の場合**　　減衰係数が $\zeta = 0$ の場合には，特性根は次の共役な虚根となる。

$$s_i = \pm j\omega_n \tag{5.19}$$

また，式(5.8)は次式となる。

$$Y(s) = \frac{1}{s} - \frac{s}{s^2 + \omega_n^2} \tag{5.20}$$

上式より，ただちに次のステップ応答を得る。

$$y(t) = \mathcal{L}^{-1}\{Y(s)\} = 1 - \cos\omega_n t \tag{5.21}$$

式(5.21)は，式(5.16)～(5.18)に $\zeta = 0$ の条件を付与しても得ることができる。式(5.21)のモードは，$e^{\pm j\omega_n t}$ である。

## 5.4 2次遅れ要素の時間応答

図5.3に、2次遅れ要素のステップ応答 $y(t)$ を、$\zeta = 0.2 \sim 1.4$ の範囲で例示した。ただし、時間軸は、$t_n = \omega_n t$ とする正規化時間としている。単位が秒の実時間に戻すには、$t = t_n/\omega_n$ の関係に従い、正規化時間を固有周波数で除すればよい。

減衰係数が $\zeta \geqq 1$ の場合には、ステップ応答は振動することなく定常値に指数的に整定する。式(5.12)が明示しているように、特性根が異なる実根の場合の指数整定は、2種のモード $e^{-a\omega_n t}, e^{-b\omega_n t}$ に従う。式(5.12)が示しているように、低速モードは、対応の振幅においても、高速モードよりも大きい。整定時間を支配するモード（predominant mode）は低速モード $e^{-b\omega_n t}$ である。減衰係数 $\zeta > 1$ にあたる本応答は、過減衰（over damping）あるいは過制動と呼ばれることもある。

特性根が二重実根の場合のモードは、式(5.15)が示しているように、$e^{-\omega_n t}$, $te^{-\omega_n t}$ となる。整定時間を支配するモードは後者である。減衰係数 $\zeta = 1$ にあたる本応答は、臨界減衰（critical damping）あるいは臨界制動と呼ばれることもある。

減衰係数が $0 < \zeta < 1$ の場合には、ステップ応答は振動しながら、定常値に指数的に整定する。このときのモードは $e^{(-\zeta \pm j\sqrt{1-\zeta^2})\omega_n t}$ である。本モードは、指数減衰を示す $e^{-\zeta \omega_n t}$ と、周波数 $\sqrt{1-\zeta^2}\omega_n$ 〔rad/s〕の振動を意味する

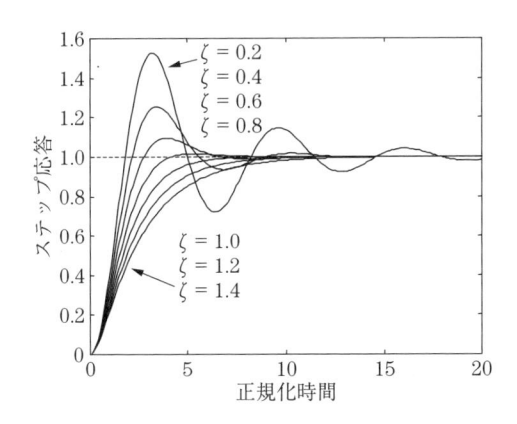

図5.3 2次遅れ要素のステップ応答（減衰係数の影響）

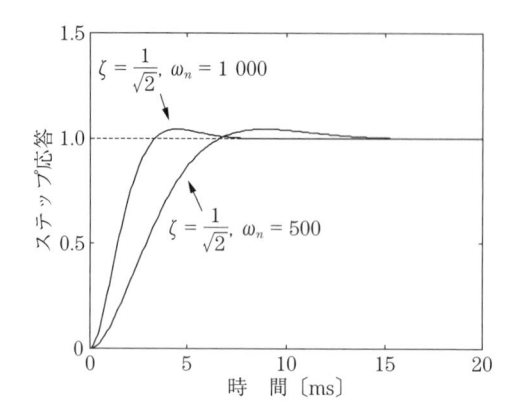

図5.4 2次遅れ要素のステップ応答（固有周波数の影響）

$e^{\pm j\sqrt{1-\zeta^2}\omega_n t}$ からなる。なお，$0 < \zeta < 1$ の場合には，周波数 $\sqrt{1-\zeta^2}\omega_n$ は減衰固有周波数 (damped natural frequency) と呼ばれる。減衰係数 $0 < \zeta < 1$ にあたる本応答は，不足減衰 (under damping) あるいは不足制動と呼ばれることもある。

減衰係数が $\zeta = 0$ の場合には，モードにおける指数減衰因子は消滅し，振動因子のみが残る。この場合には，式(5.21)が示しているように，ステップ応答は整定することはなく，持続振動する。

2次遅れ要素における固有周波数 $\omega_n$ の働きは，速応性の変化にある。すなわち，固有周波数が $n$ 倍になれば，速応性も $n$ 倍向上する。図5.4 に $\zeta = 1/\sqrt{2} \approx 0.7$ を条件に，$\omega_n = 1\,000$ と $\omega_n = 500$ の場合を例示した。$\omega_n = 1\,000$ のステップ応答を基準とするならば，$\omega_n = 500$ のステップ応答は速応性が半減している。すなわち応答に要する時間が2倍長くなっている。

### 5.4.2 主要特性

2次遅れ要素に関する主要な特性を整理しておく。

〔1〕 速応性に関する特性

1）時定数　$0 < \zeta < 1$ の場合の振動的なステップ応答における下側包絡線は式(5.18a)より次式となる。

$$y_{en}(t) = 1 - \frac{e^{-\zeta\omega_n t}}{\sqrt{1-\zeta^2}} \tag{5.22a}$$

また，係数 $\zeta > 1$ の非振動的なステップ応答においては，支配的モードである $e^{-b\omega_n t}$ が時定数を決めることになる（式(5.12)参照）。これらより，時定数は次式となる。

$$T_c = \begin{cases} \dfrac{1}{\zeta\omega_n} & ; 0 < \zeta \leq 1 \\ \dfrac{1}{(\zeta - \sqrt{\zeta^2-1})\omega_n} & ; \zeta \geq 1 \end{cases} \tag{5.22b}$$

式(5.10)，(5.13)，(5.16)から理解されるように，時定数は支配的な特性根 $s_i$ の実数部の逆数でもある。すなわち

$$T_c = \frac{-1}{\text{Re}\{s_i\}} \tag{5.22c}$$

式(5.22b)より明白なように，時定数の視点において最速の速応性を与える減衰係数は $\zeta = 1$ である。

**2）整定時間**　2次遅れ要素の場合の5％整定時間に関しては，次の多項式近似が成立する。

$$T_{st} \approx \begin{cases} \dfrac{17.6 - 19.2\zeta}{\omega_n} & ; 0.2 \leq \zeta \leq 0.75 \\ \dfrac{-3.8 + 9.4\zeta}{\omega_n} & ; 0.75 \leq \zeta \leq 1.4 \end{cases} \tag{5.23}$$

5％整定時間の意味において最速の速応性を与える減衰係数は，おおむね $\zeta = 1/\sqrt{2} \approx 0.7$ である（図5.3参照）。

包絡線の時定数に着目の上，式(5.22b)を1次遅れ要素の式(5.6a)に用い，5％整定時間を次のように近似的に求めることもできる。

$$T_{st} \approx 3T_c = \begin{cases} \dfrac{3}{\zeta\omega_n} & ; 0 < \zeta \leq 1 \\ \dfrac{3}{(\zeta - \sqrt{\zeta^2-1})\omega_n} & ; \zeta \geq 1 \end{cases} \tag{5.24}$$

式(5.24)は粗い近似式である点に注意されたい。

3）**遅延時間**　2次遅れ要素の遅延時間 $T_d$ すなわちステップ応答が定常値の50％に到達する時間は，次の2次多項式で近似される．

$$T_d \approx \frac{1.064 + 0.2822\zeta + 0.3257\zeta^2}{\omega_n} \quad ; 0.2 \leqq \zeta \leqq 1.4 \quad (5.25\text{a})$$

ステップ応答が定常値の63％に到達する時間 $T'_d$（本書では，63％遅延時間と呼称）は，次の2次多項式で近似される．

$$T'_d \approx \frac{1.2231 + 0.3218\zeta + 0.5959\zeta^2}{\omega_n} \quad ; 0.2 \leqq \zeta \leqq 1.4 \quad (5.25\text{b})$$

4）**立上り時間**　2次遅れ要素の立上り時間 $T_r$ は，次の2次多項式で近似される．

$$T_r \approx \frac{1.1043 - 0.0344\zeta + 2.2468\zeta^2}{\omega_n} \quad ; 0.2 \leqq \zeta \leqq 1.4 \quad (5.26)$$

表5.1に，ステップ入力に対する応答が定常値の10％，50％，63％，90％に到達するまでの正規化時間 $t_n = t\omega_n$ を，減衰係数 $\zeta$ に対する $y_1, y_5, y_6, y_9$ と

表5.1　減衰係数に対する各種到達時間

| $\zeta$ | 0.2 | 0.3 | 0.4 | 0.5 | 0.6 | 0.7 | 0.8 | 0.9 | 1.0 | 1.1 | 1.2 | 1.3 | 1.4 |
|---|---|---|---|---|---|---|---|---|---|---|---|---|---|
| $y_1$ | 0.46 | 0.47 | 0.48 | 0.48 | 0.49 | 0.50 | 0.51 | 0.52 | 0.53 | 0.54 | 0.55 | 0.56 | 0.57 |
| $y_5$ | 1.13 | 1.18 | 1.23 | 1.29 | 1.35 | 1.42 | 1.50 | 1.58 | 1.67 | 1.77 | 1.87 | 1.98 | 2.10 |
| $y_6$ | 1.31 | 1.37 | 1.45 | 1.54 | 1.63 | 1.74 | 1.86 | 1.99 | 2.14 | 2.30 | 2.47 | 2.65 | 2.84 |
| $y_9$ | 1.66 | 1.79 | 1.94 | 2.12 | 2.35 | 2.63 | 2.98 | 3.40 | 3.88 | 4.40 | 4.92 | 5.43 | 5.94 |

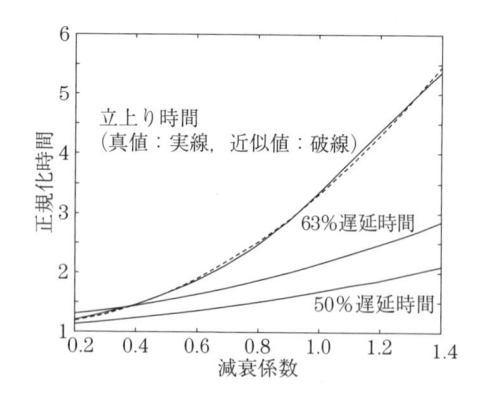

図5.5　減衰係数に対する立上り時間と遅延時間

して示した。式(5.25)，(5.26)の2次近似多項式の係数は，表5.1の値を利用して，最小二乗法により定めたものである。図5.5には，遅延時間，立上り時間に関し，真値（実線）と近似値（破線）とを示した。なお，おおむね直線的に変化する遅延時間に関しては，真値と近似値との誤差は線幅以下であり，視認できない。立上り時間の近似式も，システムの評価・設計には，十分な近似精度を確保している。

5) **行き過ぎ時間**　式(5.18a)を時間微分すると次式を得る。

$$\frac{d}{dt}y(t) = \frac{e^{-\zeta\omega_n t}}{\sqrt{1-\zeta^2}}\sin\left(\sqrt{1-\zeta^2}\,\omega_n t\right) \quad ; 0 < \zeta < 1 \quad (5.27a)$$

上式において，正弦成分が時刻ゼロを除き最初にゼロとなる時刻が行き過ぎ時間であり，これより行き過ぎ時間 $T_p$ は次のように求められる。

$$T_p = \frac{\pi}{\sqrt{1-\zeta^2}\,\omega_n} \quad ; 0 < \zeta < 1 \quad (5.27b)$$

〔2〕 **安定性に関する特性**

1) **行き過ぎ量**　式(5.18a)に式(5.27b)の行き過ぎ時間を用いると，行き過ぎ量 $y_{o1}$ として次式を得る。

$$y_{o1} = y(T_p) - 1 = \exp(-\zeta\omega_n T_p) = \exp\left(\frac{-\zeta\pi}{\sqrt{1-\zeta^2}}\right) \quad ; 0 < \zeta < 1 \quad (5.28)$$

2) **振幅減衰比**　第2行き過ぎ量 $y_{o2}$ は，式(5.27a)より，次の時刻 $T_{p2}$ に発生する。

$$T_{p2} = \frac{3\pi}{\sqrt{1-\zeta^2}\,\omega_n} \quad ; 0 < \zeta < 1 \quad (5.29a)$$

したがって，第2行き過ぎ量は，式(5.18a)に式(5.29a)を用いると，次のように求められる。

$$y_{o2} = y(T_{p2}) - 1 = \exp(-\zeta\omega_n T_{p2}) = \exp\left(\frac{-3\zeta\pi}{\sqrt{1-\zeta^2}}\right) \quad ; 0 < \zeta < 1 \quad (5.29b)$$

式(5.28)，(5.29b)より，振幅減衰比 $A_d$ は次式と算定される。

$$A_d = \frac{y_{o2}}{y_{o1}} = \exp\left(\frac{-2\zeta\pi}{\sqrt{1-\zeta^2}}\right) \quad ; 0 < \zeta < 1 \tag{5.30}$$

行き過ぎ量，振幅減衰比を支配する因子 $\zeta/\sqrt{1-\zeta^2}$ は減衰比（damping ratio）あるいは制動比と呼ばれる。減衰比は，式(5.16)より理解されるように，共役特性根の実数部と虚数部の比（実数部/虚数部）でもある。

## 5.5 むだ時間要素パデ近似の時間応答

3章では，基本要素の一つとして，むだ時間要素を学んだ。この伝達関数は式(3.36)のようにパデ近似された。本節では，近似の評価を，ステップ応答の観点から行う。

正規化時間 $t_n$ を次式のように定義する。

$$t_n = \frac{t}{T} \tag{5.31}$$

式(3.37a)の近似式に対するステップ応答は，次式のように求められる。

$$y(t) = \mathcal{L}^{-1}\left\{\frac{2-Ts}{2+Ts}\cdot\frac{1}{s}\right\} = \mathcal{L}^{-1}\left\{\frac{1}{s}-\frac{2T}{2+Ts}\right\} = 1 - 2e^{-2t_n} \tag{5.32a}$$

一方，式(3.37b)の近似式に対するステップ応答は次式のように求められる。

$$\begin{aligned}
y(t) &= \mathcal{L}^{-1}\left\{\frac{6-2Ts}{6+4Ts+(Ts)^2}\cdot\frac{1}{s}\right\} = \mathcal{L}^{-1}\left\{\frac{1}{s}-\frac{T^2s+6T}{6+4Ts+(Ts)^2}\right\} \\
&= \mathcal{L}^{-1}\left\{\frac{1}{s}-\frac{\left(s+\dfrac{2}{T}\right)+\dfrac{4}{\sqrt{2}}\left(\dfrac{\sqrt{2}}{T}\right)}{\left(s+\dfrac{2}{T}\right)^2+\left(\dfrac{\sqrt{2}}{T}\right)^2}\right\} \\
&= 1 - e^{-2t_n}\left(\cos\sqrt{2}\,t_n + \frac{4}{\sqrt{2}}\sin\sqrt{2}\,t_n\right) \tag{5.32b}
\end{aligned}$$

さらには，式(3.37c)の近似式に対するステップ応答は，次式のように求められる。

## 5.5 むだ時間要素パデ近似の時間応答

$$y(t) = \mathscr{L}^{-1}\left\{\frac{12 - 6Ts + (Ts)^2}{12 + 6Ts + (Ts)^2} \cdot \frac{1}{s}\right\} = \mathscr{L}^{-1}\left\{\frac{1}{s} - \frac{T^2s + 12T}{12 + 6Ts + (Ts)^2}\right\}$$

$$= \mathscr{L}^{-1}\left\{\frac{1}{s} - \frac{\left(s + \dfrac{3}{T}\right) + \dfrac{8}{\sqrt{3}}\left(\dfrac{\sqrt{3}}{T}\right)}{\left(s + \dfrac{3}{T}\right)^2 + \left(\dfrac{\sqrt{3}}{T}\right)^2}\right\}$$

$$= 1 - e^{-3t_n}\left(\cos\sqrt{3}\,t_n + \frac{8}{\sqrt{3}}\sin\sqrt{3}\,t_n\right) \quad (5.32c)$$

図 5.6 に，むだ時間要素のパデ近似によるステップ応答を示した。なお，時間は正規化時間で表示している。パデ近似における分子多項式の根に関し，これらの実数部が正であることより，パデ近似のステップ応答は逆応答を示すことが予測される。事実，式(5.32)および図 5.6 は逆応答を示している。なお，逆応答とは，図 5.6 の例のように正の入力信号に対して出力信号が負側に振れる応答をいう。逆応答が最も小さいのは，式(5.32b)による（1 次/2 次）近似である。

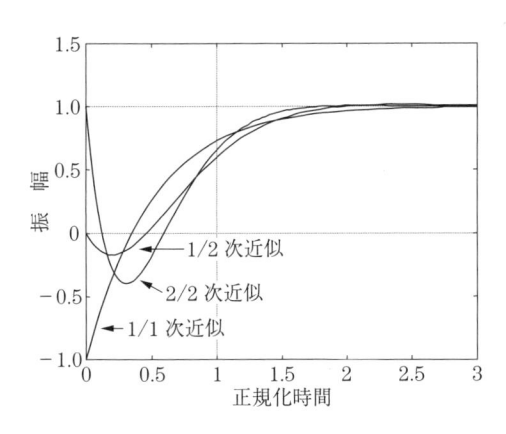

図 5.6 むだ時間要素パデ近似のステップ応答

# 6 システム評価のための周波数応答

　制御対象の特性把握，制御対象に制御装置を付加して構成した制御システムの性能評価は，これらに入力信号を加え，その応答である出力信号の観察を介して行う。この種の応答は，時間応答と周波数応答とに大別される。本章では，周波数応答について説明する。

## 6.1　周波数応答の定義と原理

### 6.1.1　周波数応答の定義

　時間応答は，ステップ状の入力信号をシステムに印加し，出力信号の過渡応答を通じシステムの把握・評価を行うものであった。これに対して，システムへの入力信号として正弦信号を用い，出力信号の定常応答からシステムの把握・評価を目指す方法がある。

　図 6.1 を考える。同図では，伝達関数 $G(s)$ で表現された線形時不変システムに対して，入力信号 $u(t)$ が印加され，$y(t)$ が出力されている。ここで，入力信号を式(6.1a)で記述された振幅が 1 で一定周波数 $\omega$ の正弦信号とし，本信号が持続的に印加されているものとする。これに対応した出力信号は，時間が十分経過した定常状態では，式(6.1b)で記述された一定振幅と同一周波数の正弦信号となる。

$$u(t) = \sin \omega t \quad ; \omega = \text{const} \tag{6.1a}$$

$$y(t) = M(\omega)\sin(\omega t + \phi(\omega)) \tag{6.1b}$$

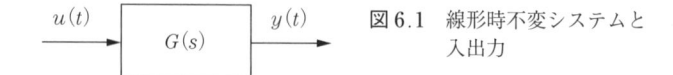

図 6.1　線形時不変システムと入出力

出力信号における振幅 $M(\omega)$ と位相 $\phi(\omega)$ とは，ともに周波数 $\omega$ の関数であるが，周波数 $\omega$ が一定の場合にはともに一定となる．しかも，これらは，システムの伝達関数と次の関係をもつ．

$$M(\omega) = |G(j\omega)|, \quad \phi(\omega) = \mathrm{Arg}(G(j\omega)) = \angle\, G(j\omega) \tag{6.2a}$$

換言するならば，次の関係が成立している．

$$G(j\omega) = M(\omega)\exp(j\phi(\omega)) \tag{6.2b}$$

なお，複素数 $x$ に関する $\mathrm{Arg}(x)$ はアーギュメント（argument）と呼称され，複素数 $x$ の位相を意味する．

上式より明らかなように，種々の一定周波数 $\omega$ に関し，振幅 $M(\omega)$ と位相 $\phi(\omega)$ を知ることができれば，種々の一定周波数 $\omega$ に関し $G(j\omega)$ を知ることができ，ひいてはシステムを把握・評価することができる．また，$G(j\omega)$ から伝達関数 $G(s)$ を求めることも可能である．

式(6.2)の $G(j\omega)$ は，周波数応答（frequency response）あるいは周波数特性（frequency characteristic）と呼ばれる．また，周波数応答を形成する $M(\omega)$ は振幅応答（amplitude response）あるいは振幅特性（amplitude characteristic）と呼ばれ，$\phi(\omega)$ は位相応答（phase response）あるいは位相特性（phase characteristic）と呼ばれる．

### 6.1.2 周波数応答の原理

伝達関数 $G(s)$ で表現された線形時不変システムの周波数応答は，$G(j\omega)$ となることを以下に示す．簡単のため，システムの伝達関数 $G(s)$ は式(6.3)に示した有理関数（有理多項式）として記述され，多項式 $A(s)$ の根すなわち特性根（極）$s_i$ は重根でないとする．また，すべての特性根 $s_i$ の実数部は負とする．

$$G(s) = \frac{B(s)}{A(s)} = \frac{b_{n-1}s^{n-1} + b_{n-2}s^{n-2} + \cdots + b_0}{s^n + a_{n-1}s^{n-1} + a_{n-2}s^{n-2} + \cdots + a_0} \tag{6.3}$$

式(6.3)のシステムの入力信号として，次の複素信号を考える．

$$u(t) = e^{j\omega t} = \cos\omega t + j\sin\omega t \quad ; \omega = \mathrm{const} \tag{6.4a}$$

式(6.4a)の入力信号のラプラス変換は式(6.4b)となる．

$$\mathcal{L}\{u(t)\} = U(s) = \frac{1}{s-j\omega} \tag{6.4b}$$

したがって，式(6.4b)の入力信号に対応した出力信号は次式で与えられる．

$$y(t) = \mathcal{L}^{-1}\{G(s)U(s)\} = \mathcal{L}^{-1}\left\{\frac{B(s)}{A(s)} \cdot \frac{1}{s-j\omega}\right\} \tag{6.5a}$$

式(6.5a)を部分分数展開すると，次式を得る．

$$y(t) = \mathcal{L}^{-1}\left\{\sum_{i=1}^{n}\frac{c_i}{s-s_i} + \frac{B(j\omega)}{A(j\omega)} \cdot \frac{1}{s-j\omega}\right\} = \sum_{i=1}^{n} c_i e^{s_i t} + \frac{B(j\omega)}{A(j\omega)} e^{j\omega t} \tag{6.5b}$$

式(6.5b)における係数 $c_i$, $B(j\omega)/A(j\omega)$ は，ヘビサイドの展開定理により求めることができる（式(2.64)，(2.67)参照）．

すべての特性根 $s_i$ の実数部は負であるので，式(6.5b)の右辺の第1項は，十分な時間が経過した定常状態では，減衰・消滅する．すなわち，十分な時間が経過した定常状態では，次の関係が成立する．

$$\begin{aligned}
y(t) &= \frac{B(j\omega)}{A(j\omega)} e^{j\omega t} = G(j\omega)e^{j\omega t} = |G(j\omega)|\exp(j\angle G(j\omega))\exp(j\omega t)\\
&= |G(j\omega)|\exp(j(\omega t + \angle G(j\omega)))\\
&= |G(j\omega)|\cos(\omega t + \angle G(j\omega)) + j|G(j\omega)|\sin(\omega t + \angle G(j\omega))
\end{aligned} \tag{6.6}$$

入力信号である式(6.4a)右辺における第1項余弦信号，第2項正弦信号に対応した出力信号が，おのおの，式(6.6)右辺の第1項，第2項の信号となっている．すなわち，入力信号の式(6.4a)と出力信号の式(6.6)とは，式(6.1)，(6.2)の関係を意味する．換言するならば，伝達関数 $G(s)$ で表現された線形時不変システムの周波数応答は $G(j\omega)$ となることを意味する．

## 6.2 ボ ー ド 線 図

### 6.2.1 ボード線図の定義と特徴

周波数応答 $G(j\omega)$ は，周波数 $\omega$ に関する関数である．本関数は複素関数で

あり，実数部と虚数部とを有し，実数部と虚数部とはともに周波数 $\omega$ の関数である。周波数の単位は (rad/s) である。このような周波数応答の表現方法としては，いくつか知られている。その代表的な一つがボード線図[†1]（Bode plot）である。

ボード線図は，周波数応答を式(6.2)のように表現し，振幅応答[†2]，位相応答を周波数 $\omega > 0$ に関する関数として，個別に表現するものである。このとき，振幅応答は常用対数による $20\log_{10} M(\omega)$ として，すなわち単位（dB）で表現する。また，周波数軸も対数スケールを用いる。こうして表現された振幅応答，位相応答は，おのおの，ボード振幅図（Bode magnitude plot），ボード位相図（Bode phase plot）と呼ばれる。なお，以降の常用対数表記では，表現上の簡明性を確保すべく，底 10 の記述は省略する。

ボード線図は，次の魅力的な特徴を有している。

① 2 個の伝達関数の直列結合により構成された伝達関数のボード線図は，各伝達関数のボード線図の単純和により得ることができる。

② ボード振幅図は，限定された周波数範囲では直線近似することができる。直線近似された振幅図を全周波数にわたり接続することにより，全周波数領域でのボード振幅図を概略的ながら容易に描くことができる。

特徴①を説明する。2 個の伝達関数 $G_1(s), G_2(s)$ の直列結合により構成された次の伝達関数 $G(s)$ および同周波数応答 $G(j\omega)$ を考える。すなわち

$$G(s) = G_1(s)G_2(s) \tag{6.7}$$

$$\left.\begin{array}{l} G(j\omega) = |G(j\omega)|\exp(j\phi(\omega)) = G_1(j\omega)G_2(j\omega) \\ G_1(j\omega) = |G_1(j\omega)|\exp(j\phi_1(\omega)), \quad G_2(j\omega) = |G_2(j\omega)|\exp(j\phi_2(\omega)) \end{array}\right\} \tag{6.8}$$

---

[†1] 本書では，「ボード線図」の対応英訳は "Bode plot" とした。しかし，多くの日本語テキストでは，「ボード線図」の対応英訳として "Bode diagram" を用いている。「ボード線図」の言葉上の直訳は確かに "Bode diagram" となる。1950 年代から 1990 年代の米国書籍（参考文献 1)～6)）によれば，"Bode diagram" は閉ループシステムの安定性評価のために描画した開ループ伝達関数の "Bode plot" を意味するようである。意味をとらえた上での，「ボード線図」に対応する英語用語は "Bode plot" が適当である。

[†2] 「振幅」に対する英語用語は，"magnitude"，"amplitude" のいずれでもよい。

式(6.8)より，次の関係を得る。

$$|G(j\omega)| = |G_1(j\omega)||G_2(j\omega)|, \quad \phi(\omega) = \phi_1(\omega) + \phi_2(\omega) \qquad (6.9)$$

位相応答に関しては，式(6.9)第2式が明示しているように，単純和が成立している。一方，振幅応答に関しても，式(6.9)第1式を対数評価すると，次のように単純和が成立する。

$$20\log|G(j\omega)| = 20\log|G_1(j\omega)| + 20\log|G_2(j\omega)| \qquad (6.10)$$

本性質より，直列結合を構成する個々の伝達関数のボード線図が描画できれば，直列結合伝達関数のボード線図は，これらの単純和としてただちに得ることができる。特徴②に関しては，後述の具体例を通じて明らかにする。

### 6.2.2 基本要素のボード線図

ボード線図の特徴より明らかなように，式(6.3)に記述される伝達関数のボード線図の描画には，これを構成する基本要素のボード線図の描画が基礎となる。以下に基本要素のボード線図を示す。

〔1〕 **比 例 要 素**　　次の比例要素を考える。

$$G(s) = K \quad ; K = \text{const} \qquad (6.11)$$

この周波数応答は

$$G(j\omega) = K \quad ; K = \text{const} \qquad (6.12\text{a})$$

したがって，振幅応答，位相応答は次式となる。

$$20\log|G(j\omega)| = 20\log|K|, \quad \phi(\omega) = \begin{cases} 0 & ; K > 0 \\ -\pi & ; K < 0 \end{cases} \qquad (6.12\text{b})$$

図6.2に，式(6.12)のボード線図を描画した。振幅応答，位相応答はともに周波数$\omega > 0$に依存せず一定である。すなわち，振幅応答は直線であり，位相応答は比例要素の符号に依存し，0〔rad〕または$-\pi$〔rad〕の直線となる。

〔2〕 **積 分 要 素**

1）**基 本 特 性**　　次の積分要素を考える。

$$G(s) = \frac{1}{s} \qquad (6.13)$$

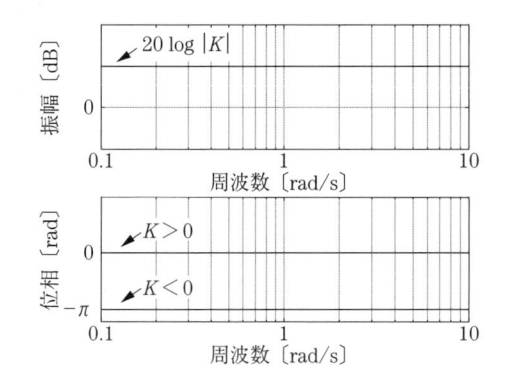

図6.2 比例要素 $G(s) = K$ のボード線図

この周波数応答は

$$G(j\omega) = \frac{-j}{\omega} \tag{6.14a}$$

したがって，振幅応答，位相応答は次式となる．

$$20\log|G(j\omega)| = 20\log\frac{1}{\omega} = -20\log\omega, \quad \phi(\omega) = -\frac{\pi}{2} \tag{6.14b}$$

図6.3に，式(6.14)のボード線図を描画した．式(6.14b)の第1式が示しているように，振幅応答は$(\log\omega)$に比例して減少する直線となる．このときの比例係数は$-20$である．周波数が10倍になることを1ディケイド (decade) という．積分要素は，周波数が10倍になるたびに$-20$〔dB〕の減衰を示す．これを$-20$〔dB/dec〕と表現する．位相応答は周波数に依存せず，一定の$-\pi/2$〔rad〕である†．

**2) 応用 I** 次の比例要素と積分要素との積として記述されるシステムを考える．

$$G(s) = \frac{K}{s} \quad ; K > 0 \tag{6.15}$$

この周波数応答は，比例要素と積分要素の単純和として，以下のようにただちに求められる．

---

† 周波数が2倍となることを1オクターブ (octave) といい，減衰特性に関し次の関係が成立する．
　　$-20$〔dB/dec〕$= -20\log 2$〔dB/oct〕$\approx -6$〔dB/oct〕

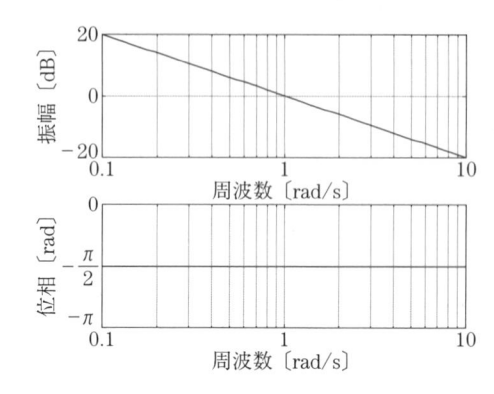

図 6.3 積分要素 $G(s) = 1/s$ のボード線図

$$20\log|G(j\omega)| = 20\log K - 20\log\omega, \quad \phi(\omega) = -\frac{\pi}{2} \tag{6.16}$$

図 6.4 に，式 (6.16) のボード線図を $K = 10$ を条件に描画した．位相応答は純粋積分要素と変わりはないが，振幅応答は $20\log K = 20$ 相当分バイアスされ，この結果，$\omega = K = 10$〔rad/s〕において 0〔dB〕を示す直線となる．式 (6.16) から理解されるように，直線的な減衰特性 $-20$〔dB/dec〕は，純粋積分要素と同一である．

なお，式 (6.15) のシステムにおいて，正規化周波数 (normalized frequency) $\bar{\omega}$ を $\bar{\omega} = \omega/K$ と定義し，正規化周波数に対してボード線図を描く場合には，振幅応答は $\bar{\omega} = 1$ において 0〔dB〕を示すことになり，形式的には図 6.3 と同一となる．

3）応用 II　次の $n$ 次積分システムを考える．

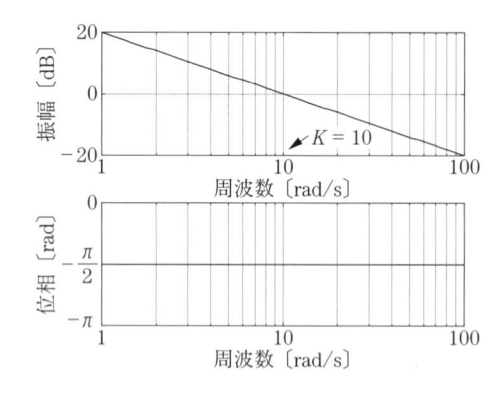

図 6.4　比例要素つき積分要素 $G(s) = K/s$ のボード線図

$$G(s) = \frac{1}{s^n} \tag{6.17}$$

$n$ 次積分システムは，単純な積分要素が $n$ 個直列結合されていると解釈することができる．したがって，この周波数応答は，基本的な積分要素による $n$ 個の単純和として，以下のようにただちに求められる．

$$20\log|G(j\omega)| = -20n\log\omega, \quad \phi(\omega) = -\frac{n\pi}{2} \tag{6.18}$$

図 6.5 に，式 (6.18) のボード線図を $n=2$ を条件に描画した．振幅応答は，$\omega = 0$ 〔rad/s〕において $0$ 〔dB〕をとり，$-40$ 〔dB/dec〕の直線的な減衰特性は示している点，さらには，位相応答は周波数に依存せず一定の $-\pi$ 〔rad〕を示している点を，確認されたい．

〔3〕 **微 分 要 素**

1） **基 本 特 性**　次の微分要素を考える．

$$G(s) = s \tag{6.19}$$

この周波数応答は

$$G(j\omega) = j\omega \tag{6.20a}$$

したがって，振幅応答，位相応答は次式となる．

$$20\log|G(j\omega)| = 20\log\omega, \quad \phi(\omega) = \frac{\pi}{2} \tag{6.20b}$$

図 6.6 に，式 (6.20) のボード線図を描画した．式 (6.20b) の第 1 式が示して

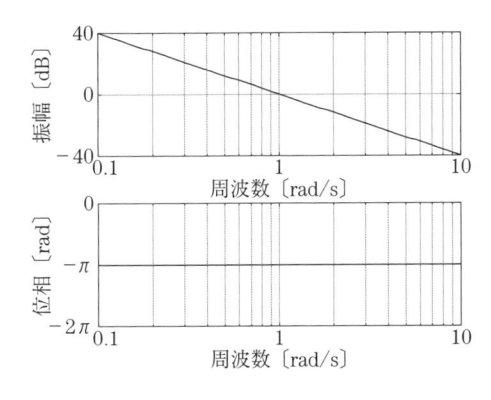

図 6.5 2 次積分要素 $G(s) = 1/s^2$ のボード線図

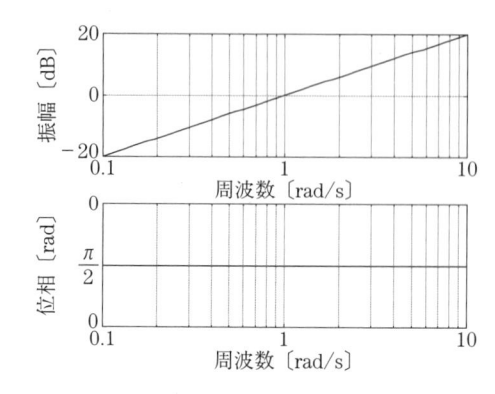

図 6.6 微分要素 $G(s) = s$ のボード線図

いるように，振幅応答は $\omega = 0$ [rad/s] において 0 [dB] をとり，20 [dB/dec] の直線的な増加特性を示す．位相応答は，周波数に依存せず，一定の $\pi/2$ [rad] である．微分要素の周波数応答は，積分要素の逆特性を示す．

**2）応 用 I** 次の比例要素と微分要素との積として記述されるシステムを考える．

$$G(s) = Ks \quad ; K > 0 \tag{6.21}$$

この周波数応答は，比例要素と微分要素の単純和として，以下のようにただちに求められる．

$$20 \log|G(j\omega)| = 20 \log K + 20 \log \omega, \quad \phi(\omega) = \frac{\pi}{2} \tag{6.22}$$

図 6.7 に，式 (6.22) のボード線図を $K = 0.1$ を条件に描画した．位相応答は純粋微分要素と変わりはないが，振幅応答は $20 \log K = -20$ 相当分バイアスされ，この結果，$\omega = 1/K = 10$ [rad/s] において 0 [dB] を示す直線となる．0 [dB] を示す周波数が比例要素の逆数 $1/K$ となる点には注意されたい．式 (6.16) から理解されるように，直線的な増加特性 20 [dB/dec] は，純粋微分要素と同一である．

なお，式 (6.21) のシステムにおいて，正規化周波数 $\bar{\omega}$ を $\bar{\omega} = K\omega$ と定義し，正規化周波数に対してボード線図を描く場合には，振幅応答は $\bar{\omega} = 1$ において 0 [dB] を示すことになり，形式的には図 6.6 と同一となる．

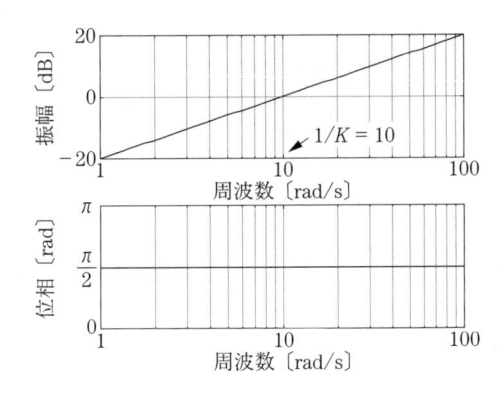

図6.7 比例要素つき微分要素 $G(s) = Ks$ のボード線図

〔4〕 1次遅れ要素

1) **基本特性** 次の1次遅れ要素を考える。

$$G(s) = \frac{a_0}{s + a_0} \quad ; a_0 > 0 \tag{6.23}$$

この周波数応答は

$$G(j\omega) = \frac{a_0}{j\omega + a_0} = \frac{1}{1 + j\bar{\omega}} \quad ; a_0 > 0, \quad \bar{\omega} = \frac{\omega}{a_0} \tag{6.24a}$$

したがって,振幅応答,位相応答は次式となる。

$$20\log|G(j\omega)| = -10\log(1 + \bar{\omega}^2), \quad \phi(\omega) = -\tan^{-1}\bar{\omega}, \quad \bar{\omega} = \frac{\omega}{a_0} \tag{6.24b}$$

表6.1に,周波数応答の主要な値を例示した。また,図6.8に,式(6.24)のボード線図を描画した。なお,同図においては,横軸は正規化周波数 $\bar{\omega} = \omega/a_0$ の対数スケールとしている。

1次遅れ要素 $G(s)$ は,正規化周波数 $\bar{\omega} = \omega/a_0$ が,$\bar{\omega} = \omega/a_0 \ll 1$ の場合には比例要素 $G(s) = 1$ として近似され,$\bar{\omega} = \omega/a_0 \gg 1$ の場合には積分要素 $G(s) = a_0/s$ として近似される。すなわち

$$G(s) \approx \begin{cases} 1 & ; \omega \ll a_0 \\ \dfrac{a_0}{s} & ; \omega \gg a_0 \end{cases} \tag{6.25a}$$

**表 6.1** 1次遅れ要素の主要周波数における周波数応答

|  | $\bar{\omega} = \omega/a_0 = 0$ | $\bar{\omega} = \omega/a_0 = 1$ | $\bar{\omega} = \omega/a_0 = \infty$ |
|---|---|---|---|
| $\|G(j\omega)\|$ | 1 | $\dfrac{1}{\sqrt{2}}$ | 0 |
| $\phi(\omega)$ | 0 | $-\dfrac{\pi}{4}$ | $-\dfrac{\pi}{2}$ |

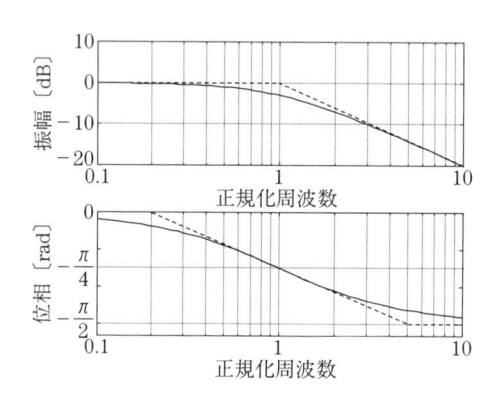

図 6.8 1次遅れ要素 $G(s) = a_0/(s+a_0)$ のボード線図

表 6.1, 図 6.8 は,本近似特性を示している.図 6.8 には,近似特性を破線で描画した.1 次遅れの周波数応答が,直線により近似されている点に注意されたい.近似用の比例要素と積分要素との振幅が等しくなる周波数は,次の振幅関係により求められる.

$$1 = \frac{a_0}{\omega} \tag{6.25b}$$

この場合は,$\omega = a_0$〔rad/s〕となる.本周波数は振幅応答の 2 個の近似直線が交差する周波数であり,折れ点周波数（break frequency, corner frequency）と呼ばれる.

式(6.24b),表 6.1,図 6.8 より,$\bar{\omega} = \omega/a_0 = 1$ において,次の関係が確認される.

$$20\log|G(ja_0)| = -10\log 2 \approx -3, \quad \phi(a_0) = -\tan^{-1}1 = -\frac{\pi}{4}$$

$$\tag{6.26a}$$

すなわち，$\bar{\omega} = \omega/a_0 = 1$において，振幅応答は$-3$〔dB〕を示す．$\omega = 0$における振幅に比較し，相対的に$-3$〔dB〕振幅減衰（すなわち，振幅比で$1/\sqrt{2}$減衰）を示す周波数を，帯域幅（bandwidth）あるいは簡単に帯域と呼ぶ．式(6.23)で表現された1次遅れ要素の帯域幅$\omega_c$は次式となる．

$$\omega_c = a_0 \tag{6.26b}$$

帯域幅は，制御システム設計における重要な設計仕様となる．1次遅れ要素の場合には，帯域幅と折れ点周波数は同一である．

**2） 応用Ⅰ** 次式で記述される近似積分システムを考える．

$$G(s) = \frac{1}{s + a_0} = \frac{1}{a_0} \cdot \frac{a_0}{s + a_0} \quad ; a_0 > 0 \tag{6.27}$$

本近似積分システムは，比例要素$K = 1/a_0$と式(6.23)の1次遅れ要素との直列結合と考えることができる．したがって，この周波数応答は，比例要素と1次遅れ要素の単純和として，以下のようにただちに求められる．

$$\left. \begin{array}{l} 20\log|G(j\omega)| = -20\log a_0 - 10\log(1 + \bar{\omega}^2) \\ \phi(\omega) = -\tan^{-1}\bar{\omega}, \quad \bar{\omega} = \dfrac{\omega}{a_0} \end{array} \right\} \tag{6.28}$$

図6.9に，式(6.28)のボード線図を描画した．同図には，積分要素の周波数応答を破線で示した．同図より確認されるように，$\bar{\omega} = \omega/a_0 \geqq 10$以遠の周波数領域において，本近似システムは純粋積分の近似応答を示す．

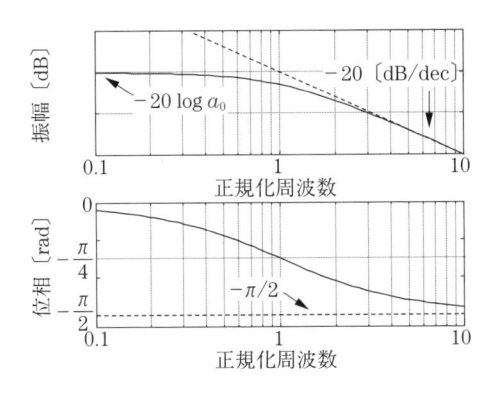

図6.9 近似積分システムのボード線図

3）**応 用 II**　次式で記述される近似微分システムを考える。

$$G(s) = \frac{a_0 s}{s + a_0} = s \cdot \frac{a_0}{s + a_0} \quad ; a_0 > 0 \tag{6.29}$$

本近似微分システムは，式(6.19)の微分要素と式(6.23)の1次遅れ要素との直列結合と考えることができる。したがって，この周波数応答は，微分要素と1次遅れ要素の単純和として，以下のようにただちに求められる。

$$\left.\begin{array}{l} 20\log|G(j\omega)| = 20\log\omega - 10\log(1+\bar{\omega}^2) \\ \qquad\qquad\quad = 20\log a_0 + 10\log\left(\dfrac{\bar{\omega}^2}{1+\bar{\omega}^2}\right) \\ \phi(\omega) = \dfrac{\pi}{2} - \tan^{-1}\bar{\omega}, \quad \bar{\omega} = \dfrac{\omega}{a_0} \end{array}\right\} \tag{6.30}$$

**図6.10**に，式(6.30)のボード線図を描画した。同図には，微分要素の周波数応答を破線で示した。本ボード線図は，図6.6と図6.8の単純和になっている点を確認されたい。同図より確認されるように，$\bar{\omega} = \omega/a_0 \leq 0.1$ 以下の周波数領域において，本近似システムは純粋微分の近似応答を示す。

〔5〕**2次遅れ要素**　次の2次遅れ要素を考える。

$$G(s) = \frac{a_0}{s^2 + a_1 s + a_0} = \frac{\omega_n^2}{s^2 + 2\zeta\omega_n s + \omega_n^2} \tag{6.31}$$

この周波数応答は

$$G(j\omega) = \frac{\omega_n^2}{-\omega^2 + j2\zeta\omega_n\omega + \omega_n^2} = \frac{1}{(1-\bar{\omega}^2) + j2\zeta\bar{\omega}}, \quad \bar{\omega} = \frac{\omega}{\omega_n} \tag{6.32a}$$

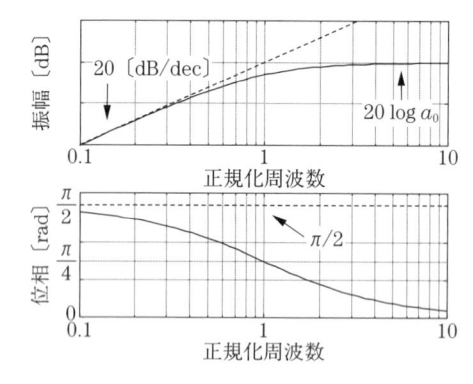

**図6.10**　近似微分システムのボード線図

## 6.2 ボード線図

したがって，振幅応答，位相応答は次式となる．

$$\left.\begin{aligned}|G(j\omega)| &= \frac{1}{\sqrt{(1-\bar{\omega}^2)^2 + 4\zeta^2\bar{\omega}^2}} \\ 20\log|G(j\omega)| &= -10\log((1-\bar{\omega}^2)^2 + 4\zeta^2\bar{\omega}^2) \\ \phi(\omega) &= -\tan^{-1}\frac{2\zeta\bar{\omega}}{1-\bar{\omega}^2}, \quad \bar{\omega} = \frac{\omega}{\omega_n}\end{aligned}\right\} \quad (6.32b)$$

表 6.2 に，周波数応答の主要な値を例示した．また，図 6.11 に，式 (6.32) のボード線図を描画した．なお，同図においては，横軸は正規化周波数 $\bar{\omega} = \omega/\omega_n$ を対数スケールとし，減衰係数 $\zeta$ は，$\zeta = 0.2, 0.4, 0.6, 0.8, 1.0, 1.2, 1.4$ とした．

2 次遅れ要素 $G(s)$ は，正規化周波数 $\bar{\omega} = \omega/\omega_n$ が，$\bar{\omega} = \omega/\omega_n \ll 1$ の場合には比例要素 $G(s) = 1$ として近似され，$\bar{\omega} = \omega/\omega_n \gg 1$ の場合には二重積分要素 $G(s) = \omega_n^2/s^2$ として近似される．すなわち

表 6.2 2 次遅れ要素の主要周波数における周波数応答

|  | $\bar{\omega} = \omega/\omega_n = 0$ | $\bar{\omega} = \omega/\omega_n = 1$ | $\bar{\omega} = \omega/\omega_n = \infty$ |
| --- | --- | --- | --- |
| $|G(j\omega)|$ | 1 | $\dfrac{1}{2\zeta}$ | 0 |
| $\phi(\omega)$ | 0 | $-\dfrac{\pi}{2}$ | $-\pi$ |

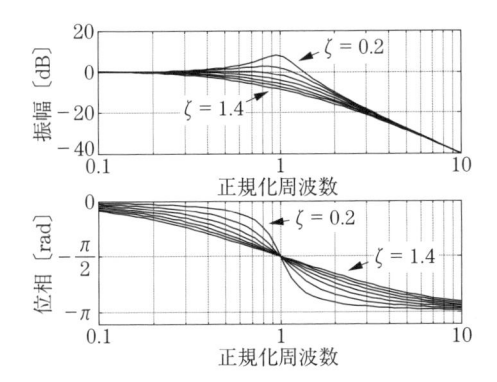

図 6.11 2 次遅れ要素のボード線図

$$G(s) \approx \begin{cases} 1 & ; \omega \ll \omega_n \\ \dfrac{\omega_n^2}{s^2} & ; \omega \gg \omega_n \end{cases} \tag{6.33a}$$

表 6.2, 図 6.11 は, 本近似特性を示している。振幅応答を直線近似した場合の折れ点周波数は, 近似用の比例要素と積分要素との振幅が等しくなる周波数であり, 次の関係により求められる。

$$1 = \frac{\omega_n^2}{\omega^2} \tag{6.33b}$$

2次遅れ要素の折れ点周波数は, $\omega = \omega_n$ [rad/s] すなわち固有周波数となる。

図 6.11 において確認されるように, 減衰係数の値によっては, 振幅応答は $\bar{\omega} = \omega/\omega_n \approx 1$ 近傍でピークを示す。この現象は共振 (resonance) と呼ばれる。共振を示す周波数は共振周波数 (resonance frequency) と呼ばれ, 振幅応答 $|G(j\omega)|$ の分母の最小化を図る周波数として求めることができる。すなわち

$$\frac{d}{d\bar{\omega}}\left((1-\bar{\omega}^2)^2 + 4\zeta^2\bar{\omega}^2\right) = 4\bar{\omega}(\bar{\omega}^2 - 1 + 2\zeta^2) = 0 \tag{6.34}$$

これより, 次の共振周波数を得る。

$$\bar{\omega} = \sqrt{1-2\zeta^2}, \quad \omega = \sqrt{1-2\zeta^2}\,\omega_n \quad ; 0 < \zeta \leq \frac{1}{\sqrt{2}} \tag{6.35}$$

共振周波数におけるピーク振幅値は共振値 (resonance peak) と呼ばれ, 式 (6.35) を式 (6.32b) の $|G(j\omega)|$ に用い, 以下のように求められる。

$$G_{\max} = \max|G(j\omega)| = \frac{1}{2\zeta\sqrt{1-\zeta^2}} \quad ; 0 < \zeta \leq \frac{1}{\sqrt{2}} \tag{6.36a}$$

特に, $\zeta = 1/\sqrt{2} \approx 0.707$ の場合には, $\omega = 0$ でピーク振幅値が得られ, このときの振幅特性は最大平坦 (maximally flat) と呼ばれる。式 (6.35) に示した共振周波数と 5.3 節で説明した減衰固有周波数との違いには注意されたい。なお, 式 (6.36a) は, 次の逆関係に変換することもできる。

## 6.2 ボード線図

$$\zeta = \sqrt{\frac{G_{\max} - \sqrt{G_{\max}^2 - 1}}{2G_{\max}}} \qquad ; G_{\max} \geqq 1 \tag{6.36b}$$

2次遅れ要素における固有周波数 $\omega_n$ と帯域幅 $\omega_c$ との関係は,式(6.32a)に基づく次の式(6.37)を求解することにより,式(6.38a)のように求めることができる。

$$|G_c(j\omega_c)|^2 = \frac{1}{\left(1 - \left(\frac{\omega_c}{\omega_n}\right)^2\right)^2 + 4\zeta^2\left(\frac{\omega_c}{\omega_n}\right)^2} = \frac{1}{2} \tag{6.37}$$

$$\frac{\omega_c}{\omega_n} = \sqrt{\sqrt{(2\zeta^2 - 1)^2 + 1} - (2\zeta^2 - 1)} \tag{6.38a}$$

上式は,次式により近似することができる。

$$\frac{\omega_c}{\omega_n} \approx \begin{cases} 1.55(1 - 0.707\zeta^2) & ; \zeta \leqq 0.7 \\ \dfrac{0.5}{\sqrt{\zeta^2 - 0.5\zeta + 0.1}} & ; \zeta \geqq 0.7 \end{cases} \tag{6.38b}$$

図 6.12 に,式(6.38)による精密式(実線)と近似式(破線)の特性を参考までに表示した。2次遅れ要素の場合には,減衰係数 $\zeta = 1/\sqrt{2} \approx 0.707$ の場合を除き,帯域幅と固有周波数(折れ点周波数)とは等しくないので注意されたい。すなわち

$$\omega_c = \omega_n \qquad ; \zeta = \frac{1}{\sqrt{2}} \approx 0.707 \tag{6.38c}$$

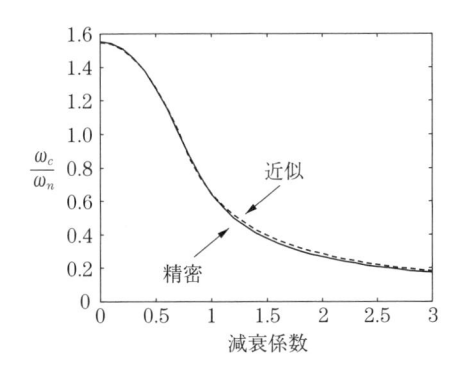

図 6.12 2次遅れ要素における帯域幅と固有周波数との関係

## 〔6〕 むだ時間要素

**1) 基本特性**　次のむだ時間要素を考える。

$$G(s) = e^{-Ts} \quad ; T > 0 \tag{6.39}$$

この周波数応答は

$$G(j\omega) = e^{-jT\omega} \quad ; T > 0 \tag{6.40a}$$

したがって，振幅応答，位相応答は次式となる。

$$20\log|G(j\omega)| = 0, \quad \phi(\omega) = -T\omega = -\bar{\omega} \tag{6.40b}$$

すなわち，振幅応答は常時一定であり，位相のみが周波数に比例して遅れる。本位相応答は直線位相（linear phase）と呼ばれる。

図6.13に，式(6.40)のボード線図を，正規化周波数 $\bar{\omega} = T\omega$ を用いて，描画した。周波数軸を対数スケールとする場合には，直線位相は同図のように直線的な形状は示さないので注意されたい。

**2) 近似特性**　むだ時間要素は，式(3.37)で，有理関数（有理多項式）によりパデ近似されることを示した。また，式(5.32)では，この近似多項式の時間応答も調べた。ここでは，周波数応答を調べる。

次の1次パデ近似式を考える。

$$G(s) = \frac{2 - Ts}{2 + Ts} \tag{6.41}$$

したがって，この周波数応答は次式となる。

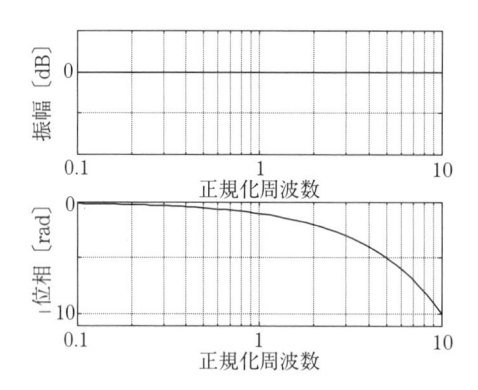

図6.13　むだ時間要素 $G(s) = e^{-Ts}$ のボード線図

$$G(j\omega) = \frac{2 - jT\omega}{2 + jT\omega} = e^{j\phi(\omega)} \tag{6.42a}$$

$$\phi(\omega) = -\tan^{-1}\frac{4\bar{\omega}}{4 - \bar{\omega}^2}, \quad \bar{\omega} = T\omega \tag{6.42b}$$

次の2次分母多項式,1次分子多項式のパデ近似式を考える.

$$G(s) = \frac{6 - 2Ts}{6 + 4Ts + (Ts)^2} \tag{6.43}$$

したがって,この周波数応答は次式となる.

$$G(j\omega) = \frac{6 - j2T\omega}{(6 - T^2\omega^2) + j4T\omega} = \frac{2((18 - 7\bar{\omega}^2) - j\bar{\omega}(18 - \bar{\omega}^2))}{36 + 4\bar{\omega}^2 + \bar{\omega}^4}$$

$$= \sqrt{\frac{4(9 + \bar{\omega}^2)}{4(9 + \bar{\omega}^2) + \bar{\omega}^4}} e^{j\phi(\omega)} \tag{6.44a}$$

$$\phi(\omega) = -\tan^{-1}\frac{\bar{\omega}(18 - \bar{\omega}^2)}{18 - 7\bar{\omega}^2}, \quad \bar{\omega} = T\omega \tag{6.44b}$$

次の2次パデ近似式を考える.

$$G(s) = \frac{12 - 6Ts + (Ts)^2}{12 + 6Ts + (Ts)^2} \tag{6.45}$$

したがって,この周波数応答は次式となる.

$$G(j\omega) = \frac{(12 - T^2\omega^2) - j6T\omega}{(12 - T^2\omega^2) + j6T\omega} = e^{j\phi(\omega)} \tag{6.46a}$$

$$\phi(\omega) = -\tan^{-1}\frac{12\bar{\omega}(12 - \bar{\omega}^2)}{144 - 60\bar{\omega}^2 + \bar{\omega}^4}, \quad \bar{\omega} = T\omega \tag{6.46b}$$

式(6.41),(6.45)のパデ近似においては,振幅応答に関しては正確な近似がなされており,周波数のいかんにかかわらず1である.本特性は式(3.37)で明示したように,分子多項式の根を虚軸に対して分母多項式の根の対称位置に配したことによる.このような振幅特性はオールパス(all-pass)と呼ばれる.

図6.14に3近似式の周波数応答をボード線図表示した.横軸は,正規化周波数 $\bar{\omega} = T\omega$ としている.図6.13との比較より明らかなように,3近似式は正規化周波数で $\bar{\omega} \leqq 1$ の範囲では良好な近似を示している.位相遅れの観点からは,2次近似が三者の中では最良の近似を示していることも確認される.

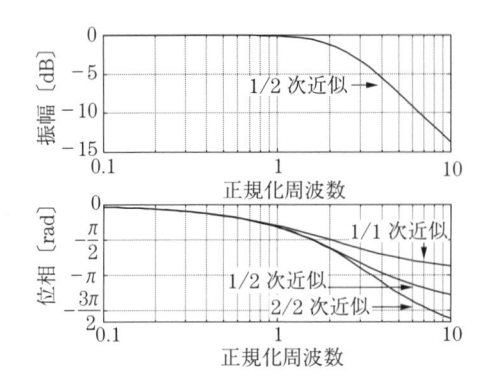

図6.14 むだ時間要素のパデ近似式のボード線図

## 6.2.3 並列結合システムのボード線図

直列結合されたシステムのボード線図は，これを構成するサブシステムのボード線図の線形和として容易に得られることを，積分要素，比例要素，1次遅れ要素の応用システムを用いて例示した。

また，1次遅れ要素，2次遅れ要素において，振幅応答を表現したボード振幅図は，限定された周波数範囲では直線近似できることを例示した。また，直線近似された振幅図を全周波数にわたり接続することにより，全周波数領域でのボード振幅図を概略ながら容易に描けることも例示した。このような折れ点周波数に着目した直線近似は，周波数領域を限定し，システムを構成する要素の中から限定周波数領域における支配的な1要素を取り出すものである。

本考えに従うならば，並列結合されたシステムのボード線図もこれを構成するサブシステムのボード線図から得ることができる。以下に，これを例示する。

〔1〕 **PID 制御器**　PID 制御器（PID controller）と呼ばれる次のシステムを考える。

$$G(s) = \frac{K_i}{s} + K_p + K_d s = \frac{K_d s^2 + K_p s + K_i}{s} \quad ; K_i K_d < K_p^2 \quad (6.47)$$

本 PID 制御器においては，低周波数領域では積分項（分子ゼロ次項）$K_i$ が支配的となり，中周波数領域では比例項（分子1次項）$K_p$ が支配的となり，

高周波数領域では微分項（分子2次項）$K_d$ が支配的となる．すなわち，周波数領域を限定するならば，本 PID 制御器においては次の近似が成立する．

$$G(s) \approx \begin{cases} \dfrac{K_i}{s} & ; \omega < \omega_1 \\ K_p & ; \omega_1 < \omega < \omega_2 \\ K_d s & ; \omega > \omega_2 \end{cases} \qquad (6.48\text{a})$$

ここに，$\omega_1, \omega_2$ は折れ点周波数であり，振幅に着目した次の関係より得ることができる．

$$\frac{K_i}{\omega_1} = K_p, \quad K_p = K_d \omega_2 \qquad (6.48\text{b})$$

図 6.15 に，$K_i = 0.4, K_p = 2, K_d = 0.5$ の場合の周波数応答を例示した．同図における振幅図（上段）には，式 (6.48a) に基づく近似特性を破線の直線で示した．直線応答は，周波数領域を限定するならば，元来の振幅応答の良好な近似となっていることが確認される．近似直線による折れ点周波数に関しては，式 (6.48b) に基づく解析解は，$\omega_1 = 0.2$ [rad/s], $\omega_2 = 4$ [rad/s] となる．これらの値は，近似直線の交点から作図的に求めた周波数と一致する．

〔2〕 **位相補償器**　位相補償器と呼ばれる次のシステムを考える．

$$G(s) = \frac{b_1 s + a_0}{s + a_0} = \frac{a_0}{s + a_0} + \frac{b_1 s}{s + a_0} \qquad ; a_0 > 0, \quad b_1 \geqq 0 \qquad (6.49)$$

この周波数応答は

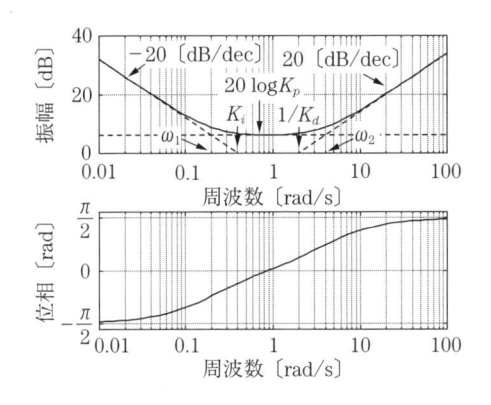

図 6.15　PID 制御器のボード線図の一例

$$G(j\omega) = \frac{jb_1\overline{\omega} + 1}{j\overline{\omega} + 1}, \quad \overline{\omega} = \frac{\omega}{a_0} \tag{6.50a}$$

したがって，振幅応答，位相応答は次式となる．

$$\left. \begin{aligned} |G(j\omega)| &= \sqrt{\frac{b_1^2\overline{\omega}^2 + 1}{\overline{\omega}^2 + 1}} \\ 20\log|G(j\omega)| &= 10\log(b_1^2\overline{\omega}^2 + 1) - 10\log(\overline{\omega}^2 + 1) \\ \phi(\omega) &= \tan^{-1}\frac{(b_1 - 1)\overline{\omega}}{1 + b_1\overline{\omega}^2}, \quad \overline{\omega} = \frac{\omega}{a_0} \end{aligned} \right\} \tag{6.50b}$$

式(6.50)のボード線図を，$b_1 = 0.5, 0.25$ の場合を図 6.16 に，また $b_1 = 2, 4$ の場合を図 6.17 に描画した．なお，両図においては，横軸は正規化周波数 $\overline{\omega} = \omega/a_0$ の対数スケールとしている．$b_1 < 1$ の場合には位相遅れ（phase lag）特性が得られ，補償器は位相遅れ補償器と呼ばれる．一方，$b_1 > 1$ の場合には位相進み（phase lead）特性が得られ，補償器は位相進み補償器と呼ば

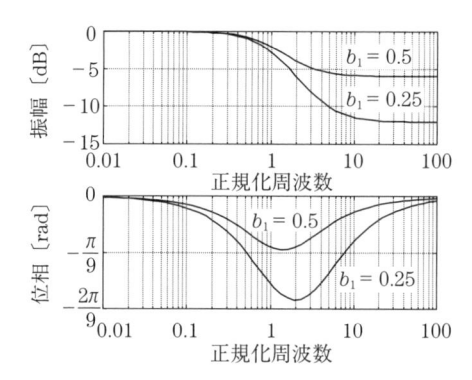

図 6.16 位相遅れ補償器のボード線図

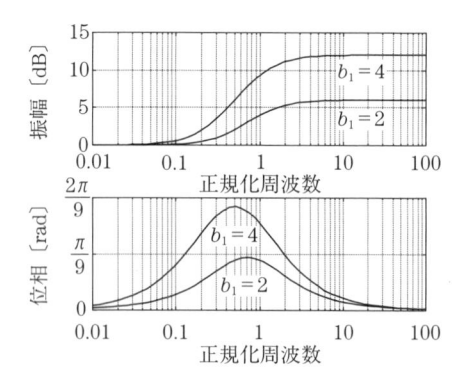

図 6.17 位相進み補償器のボード線図

れる。最大位相遅れまたは最大位相進みを与える周波数は，式(6.51a)の関係より，式(6.51b)のように得ることができる。

$$\frac{d}{d\bar{\omega}}\tan\phi(\omega) = \frac{d}{d\bar{\omega}}\frac{(b_1-1)\bar{\omega}}{1+b_1\bar{\omega}^2} = 0 \tag{6.51a}$$

$$\bar{\omega} = \frac{1}{\sqrt{b_1}}, \quad \omega = \frac{1}{\sqrt{b_1}}a_0 \tag{6.51b}$$

最大位相遅れまたは最大位相進みは，式(6.51b)を式(6.50b)に用い，次式のように求められる。

$$\max \phi(\omega) = \tan^{-1}\frac{b_1-1}{2\sqrt{b_1}} \tag{6.51c}$$

位相補償器は，式(6.49)の第2式に明示しているように，ローパスフィルタ特性をもつ1次遅れ要素とハイパスフィルタ特性をもつゲイン $b_1$ つき近似微分システムとの並列結合として，とらえることも可能である。低周波数領域では1次遅れ要素の特性が支配的となり，高周波数領域では近似微分システムの特性が支配的となる。近似微分システムの特性は，ゲイン $b_1$ で調整されるようになっている。式(6.51b)が示しているように，両特性のおおむね中間である $\bar{\omega} = \omega/a_0 \approx 1, \omega \approx a_0$ 近傍で，位相遅れあるいは位相進み特性が得られている。

## 6.3 ベクトル軌跡法

### 6.3.1 ベクトル軌跡の定義と特徴

周波数 $\omega$ に関する複素関数である周波数応答 $G(j\omega)$ は，以下のように表現することができた。

$$G(j\omega) = |G(j\omega)|\exp(j\phi(\omega)) \quad ; \phi(\omega) = \mathrm{Arg}(G(j\omega)) \tag{6.52a}$$

上式は，次式のように書き改めることもできる。

$$G(j\omega) = \mathrm{Re}(G(j\omega)) + j\mathrm{Im}(G(j\omega)) \tag{6.52b}$$

式(6.52a)は，周波数応答 $G(j\omega)$ を振幅 $|G(j\omega)|$，位相 $\phi(\omega)$ をもつベクトル

としてとらえた表現とみることができる．一方，式(6.52b)は，周波数応答 $G(j\omega)$ を第1要素（実数要素）$\mathrm{Re}(G(j\omega))$ と第2要素（虚数要素）$\mathrm{Im}(G(j\omega))$ をもつベクトルとしてとらえた表現とみることができる．

式(6.52a)の表現においては，周波数を $\omega = 0 \sim \infty$（または $\omega = -\infty \sim \infty$）にわたり変化させた場合には，$G(j\omega)$ は極座標上で軌跡を描く．一方，式(6.52b)の表現においては，周波数を $\omega = 0 \sim \infty$（または $\omega = -\infty \sim \infty$）にわたり変化させた場合には，$G(j\omega)$ は実軸を横軸（第1要素軸），虚軸を縦軸（第2要素軸）とする直交座標上で軌跡を描く．

図6.18に上記軌跡の一例を示した．同図には，座標としては直交座標を用い，この上で振幅 $|G(j\omega)|$ と位相 $\phi(\omega)$ を明示した．同図から理解されるように，二つの座標は異なるが，異なった座標上における軌跡の形状は同一である．本軌跡は，ベクトル軌跡（vector locus）と呼ばれ，ベクトル軌跡を用いた周波数応答の表現法はベクトル軌跡法（polar plot）[†1,†2] と呼ばれる．図6.18

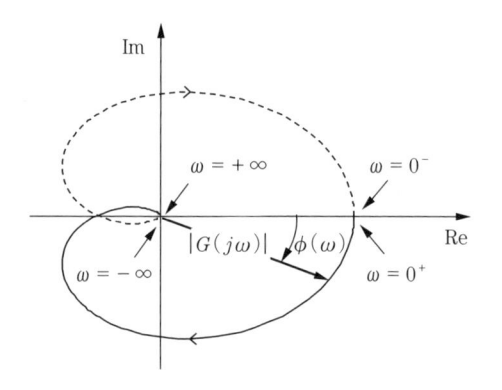

図6.18 ベクトル軌跡の一例

---

[†1] 「ベクトル軌跡法」に対応した英語用語は，米国書籍（参考文献4)～6)）によれば，"polar plot" である．これは，周波数応答 $G(j\omega)$ を振幅 $|G(j\omega)|$，位相 $\phi(\omega)$ に基づき極座標上に描画したときの視点によるものである．

[†2] 閉ループ伝達関数の安定性を開ループ伝達関数のベクトル軌跡を介して評価する方法が知られている（7章で説明）．この場合のベクトル軌跡はナイキスト線図（Nyquist diagarm）と呼ばれる．ベクトル軌跡とナイキスト線図は必ずしも同義ではないので注意されたい．ナイキスト線図は，閉ループ伝達関数の安定性に関連した開ループ伝達関数のベクトル軌跡に限られる．

の例示のように，周波数 $\omega = 0 \sim \infty$ に対する軌跡（実線で表示）と周波数 $\omega = -\infty \sim 0$ に対する軌跡（破線で表示）とは，直交座標上の実軸に対して対称である。このため，軌跡描画は周波数 $\omega = 0 \sim \infty$ の範囲で行うことが多い。

ベクトル軌跡は，以下の特徴をもつ。

① 二つの周波数応答 $G_1(j\omega), G_2(j\omega)$ が，正定数 $K$ を用いた次の関係にある場合には，両周波数応答のベクトル軌跡は同一となる。

$$G_1(j\omega) = G_2(jK\omega) \quad ; K = \mathrm{const} > 0 \tag{6.53}$$

② 二つの周波数応答 $G_1(j\omega), G_2(j\omega)$ が，正定数 $K$ を用いた次の関係にある場合には，両周波数応答のベクトル軌跡は相似となる。

$$G_1(j\omega) = KG_2(j\omega) \quad ; K = \mathrm{const} > 0 \tag{6.54}$$

上記特徴を説明する。特徴①は，ベクトル軌跡においては周波数が陽に出現しない点に起因している。二つの周波数応答 $G_1(j\omega), G_2(j\omega)$ が式(6.53)の関係にある場合には，両周波数応答を正規化周波数で表現するとき，これらは形式的に同一となる。ひいては，両周波数応答のベクトル軌跡は同一となる。

式(6.54)が成立する場合には，おのおのの振幅応答，位相応答に関し，次の関係が成立する。

$$|G_1(j\omega)| = K|G_2(j\omega)|, \quad \phi_1(\omega) = \phi_2(\omega) \tag{6.55}$$

周波数応答の極座標表現に式(6.55)を考慮するならば（図6.18参照），特徴②の相似性が得られる。

### 6.3.2 基本要素のベクトル軌跡

システムのベクトル軌跡把握には，システムの構成要素である基本要素のベクトル軌跡の理解が基本となる。この視点より，基本要素のベクトル軌跡を以下に示す。

〔1〕 比例要素　比例要素の周波数応答は次式で与えられた（式(6.12)参照）。

$$G(j\omega) = K \quad ; K = \mathrm{const} \tag{6.56}$$

したがって，比例要素の複素平面上での軌跡は，周波数 $\omega = 0 \sim \infty$ に依存せ

ず，1点 $(K, 0)$ となる．ベクトル軌跡の一例を図 6.19 に示した．

〔2〕**積 分 要 素**　積分要素の周波数応答は次式で与えられた（式(6.14)参照）．

$$G(j\omega) = \frac{-j}{\omega} \tag{6.57}$$

したがって，周波数 $\omega = 0 \sim \infty$ に対する積分要素の複素平面上での軌跡は，虚軸の負側となる．ベクトル軌跡の一例を図 6.20 に示した．

次の式(6.58)の比例ゲインをもつ積分要素に関しては，ベクトル軌跡特徴①の同一性が成立し，図 6.20 と同一のベクトル軌跡が得られることを確認されたい．

$$G(s) = \frac{K}{s} \quad ; K > 0 \tag{6.58}$$

〔3〕**微 分 要 素**　微分要素の周波数応答は次式で与えられた（式(6.20)参照）．

$$G(j\omega) = j\omega \tag{6.59}$$

したがって，周波数 $\omega = 0 \sim \infty$ に対する微分要素の複素平面上での軌跡は，虚軸の正側となる．ベクトル軌跡の一例を図 6.21 に示した．

次の式(6.60)の比例ゲインをもつ微分要素に関しては，ベクトル軌跡特徴①の同一性が成立し，図 6.21 と同一のベクトル軌跡が得られることを確認されたい．

$$G(s) = Ks \quad ; K > 0 \tag{6.60}$$

〔4〕**1 次遅れ要素**　1 次遅れ要素の周波数応答は次式で与えられた（式

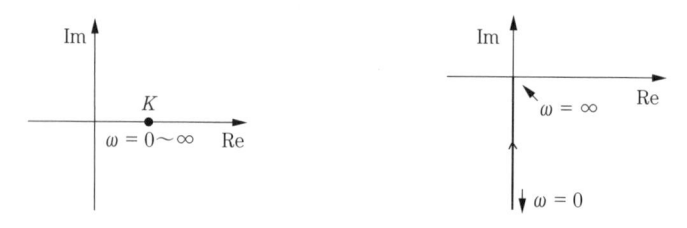

図 6.19　比例要素のベクトル軌跡

図 6.20　積分要素のベクトル軌跡

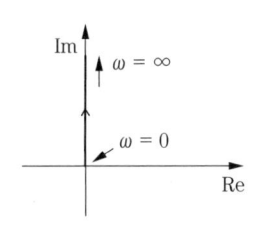

図 6.21　微分要素のベクトル軌跡 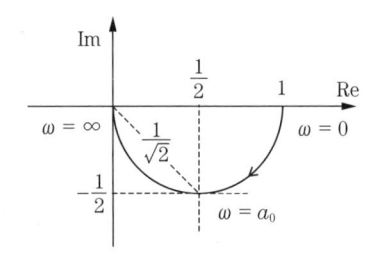　　図 6.22　1 次遅れ要素のベクトル軌跡

(6.24)参照)。

$$G(j\omega) = \frac{a_0}{j\omega + a_0} = \frac{1}{1 + j\bar{\omega}} \quad ; a_0 > 0, \quad \bar{\omega} = \frac{\omega}{a_0} \quad (6.61)$$

周波数応答の主要な値は，表 6.1 のとおりである。周波数 $\omega = 0 \sim \infty$ に対する 1 次遅れ要素のベクトル軌跡を図 6.22 に示した。同図には，表 6.1 を参考に主要な値を明示した。ベクトル軌跡の形状は，係数 $a_0 > 0$ のいかんにかかわらず同じである。すなわち，1 次遅れ要素のベクトル軌跡に関しては，すでにベクトル軌跡特徴①の同一性が組み込まれている。なお，本ベクトル軌跡は，次式で規定された半円軌跡となる。

$$\left(x - \frac{1}{2}\right)^2 + y^2 = \left(\frac{1}{2}\right)^2 \tag{6.62a}$$

ただし

$$x = \text{Re}(G(j\omega)), \quad y = \text{Im}(G(j\omega)) \tag{6.62b}$$

〔5〕**2 次遅れ要素**　2 次遅れ要素の周波数応答は次式で与えられた（式(6.32)参照)。

$$G(j\omega) = \frac{1}{(1 - \bar{\omega}^2) + j2\zeta\bar{\omega}}, \quad \bar{\omega} = \frac{\omega}{\omega_n} \tag{6.63}$$

周波数応答の主要な値は，表 6.2 のとおりである。周波数 $\omega = 0 \sim \infty$ に対する 2 次遅れ要素のベクトル軌跡を，減衰係数 $\zeta = 0.4, 0.6, 0.8, 1.0, 1.2, 1.4$ を条件に図 6.23 に示した。同図には，表 6.1 を参考に主要な値を明示した。式(6.63)からも理解されるように，次の関係が成立している。

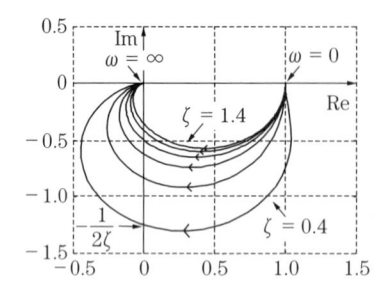

図6.23 2次遅れ要素のベクトル軌跡例

$$G(j\omega_n) = \frac{-j}{2\zeta} \tag{6.64}$$

すなわち，減衰係数に反比例して，ベクトル軌跡の虚軸交点の値が大きくなる。ベクトル軌跡の形状は，固有周波数 $\omega_n$ のいかんにかかわらず同じである。すなわち，2次遅れ要素のベクトル軌跡に関しては，すでにベクトル軌跡特徴①の同一性が組み込まれている。

〔6〕 むだ時間要素

1） **基 本 特 性** むだ時間要素の周波数応答は次式で与えられた（式(6.40)参照）。

$$G(j\omega) = e^{-jT\omega} \quad ; T > 0 \tag{6.65}$$

式(6.65)より，むだ時間要素のベクトル軌跡は，周波数 $\omega = 0 \sim \infty$ に応じて，単位円上を右回転（負回転）方向へ周回することになる。ベクトル軌跡は，次の周波数ごとに，単位円上の1点 $(1, 0)$ を通過する。

$$\omega = n\frac{2\pi}{T} \quad ; n = 0, 1, 2, \cdots \tag{6.66}$$

図6.24に，むだ時間要素のベクトル軌跡を示した。

2） **近 似 特 性** むだ時間要素の3種のパデ近似に関し，その周波数応答を式(6.41)～(6.46)に示した。パデ近似のベクトル軌跡を図6.25に示した。式(6.41)，(6.42)の1次近似の場合には，周波数 $\omega = 0 \sim \infty$ に対するベクトル軌跡は半径1の半円を描く。ただし，最大の位相遅れは，$-\pi$〔rad〕である。一方，式(6.43)，(6.44)の2次分母多項式，1次分子多項式による近似の

図 6.24 むだ時間要素の
ベクトル軌跡

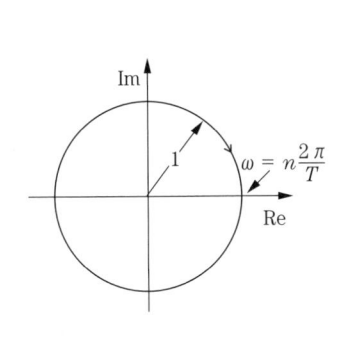

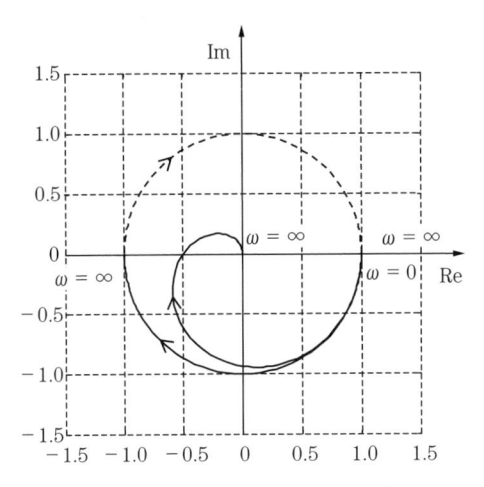

図 6.25 むだ時間要素のパデ近似有理
多項式のベクトル軌跡

場合には,周波数 $\omega = 0 \sim \infty$ に対するベクトル軌跡は減衰特性を示す。最大の位相遅れは,$-3\pi/2$ 〔rad〕である。式 (6.45),(6.46) の 2 次近似の場合には,周波数 $\omega = 0 \sim \infty$ に対するベクトル軌跡は半径 1 の半円を描く。ただし,最大の位相遅れは,$-2\pi$ 〔rad〕である。むだ時間要素のパデ近似による場合,周波数が大きくなるにつれ,位相誤差が大きくなる。

### 6.3.3 補足的システムのベクトル軌跡

本項では,制御システムの設計上,把握しておくことが望まれるシステムのベクトル軌跡を取り上げて説明する。

〔1〕 **位相補償器** 式 (6.49) で記述された位相補償器を考える。本補償器の周波数応答は,正規化周波数を用いた次式で与えられる (式 (6.50) 参照)。

$$G(j\omega) = \frac{jb_1\bar{\omega} + 1}{j\bar{\omega} + 1}, \quad \bar{\omega} = \frac{\omega}{a_0} \tag{6.67}$$

位相補償器の周波数 $\omega = 0 \sim \infty$ に対するベクトル軌跡を係数 $b_1 = 0.25, 0.5, 2, 4$ を条件に図 6.26 に示した。位相補償器は,$0 \leq b_1 < 1$ の場合には位相遅

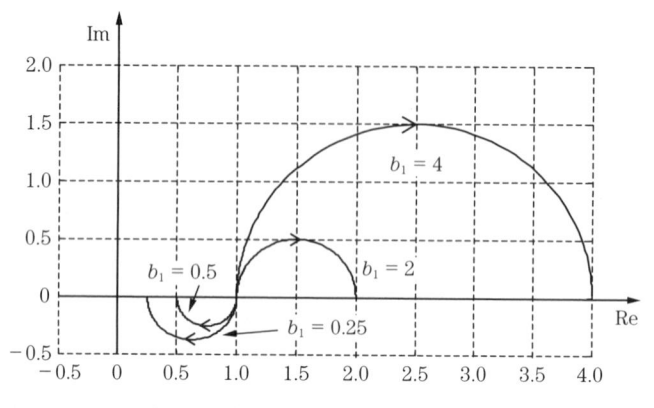

図6.26 位相補償器のベクトル軌跡例

れ特性を，$b_1 > 1$ の場合には位相進み特性を示す．また，$b_1 = 1$ の場合には $G(j\omega) = 1$ となり，単位ゲインをもつ比例要素特性を示す．

図6.26から，位相補償器のベクトル軌跡は，次式で記述された半円を描くことが推測される．

$$\left(x - \frac{b_1 + 1}{2}\right)^2 + y^2 = \left(\frac{b_1 - 1}{2}\right)^2 \quad ; b_1 \geq 0 \tag{6.68a}$$

ただし

$$x = \mathrm{Re}(G(j\omega)), \quad y = \mathrm{Im}(G(j\omega)) \tag{6.68b}$$

以下に，式(6.68)の推測を証明する．

式(6.68b)に定義した周波数応答の実数部と虚数部は，式(6.67)より，以下のように求められる．

$$x = \frac{1 + b_1 \bar{\omega}^2}{1 + \bar{\omega}^2}, \quad y = \frac{(b_1 - 1)\bar{\omega}}{1 + \bar{\omega}^2} \tag{6.69}$$

式(6.69)の第1式は次のように書き改められる．

$$\bar{\omega}^2 = \frac{1 - x}{x - b_1} \tag{6.70}$$

一方，式(6.69)の第2式は，両辺を2乗して整理すると，次のように書き改められる．

$$y^2(1 + \bar{\omega}^2)^2 = (b_1 - 1)^2 \bar{\omega}^2 \tag{6.71}$$

式(6.71)に式(6.70)を代入して$\bar{\omega}^2$を消去し整理すると，円軌跡を規定する式(6.68a)を得る．このとき$\bar{\omega} \geqq 0$であるので，式(6.69)の第2式より，次の半円条件を得る．

$$0 \leqq b_1 < 1 \ \rightarrow \ y \leqq 0, \quad b_1 > 1 \ \rightarrow \ y \geqq 0 \tag{6.72}$$

$b_1 = 1$の場合には，式(6.68a)は中心 (1,0)，半径ゼロの円軌跡を，換言するならば1点 (1,0) を示すことになる．これは，本位相補償器が，$b_1 = 1$の場合には単位ゲインの比例要素特性を示す事実と整合する．なお，式(6.68)は，式(6.62)を特別の場合として包含している．

〔2〕 **近似微分システム** 式(6.29)の近似微分システムを考える．本システムの周波数応答は，次のように求められる．

$$G(j\omega) = \frac{j\omega a_0}{j\omega + a_0} = a_0 \frac{j\bar{\omega}}{1 + j\bar{\omega}} \quad ; \bar{\omega} = \frac{\omega}{a_0} \tag{6.73}$$

近似微分システムの周波数 $\omega = 0 \sim \infty$ に対するベクトル軌跡を図6.27に示した．本ベクトル軌跡は，次式で記述された半円を描く．

$$\left(x - \frac{a_0}{2}\right)^2 + y^2 = \left(\frac{a_0}{2}\right)^2 \quad ; a_0 > 0 \tag{6.74a}$$

ただし

$$x = \mathrm{Re}(G(j\omega)), \quad y = \mathrm{Im}(G(j\omega)) \tag{6.74b}$$

式(6.74)の証明は，式(6.68)と同様な手順を踏むことにより行うことができる．ここでは，少し手順を変更した証明を例示する．式(6.74b)に定義した周波数応答の実数部と虚数部は，式(6.73)より，以下のように求められる．

$$x = \frac{a_0 \bar{\omega}^2}{1 + \bar{\omega}^2}, \quad y = \frac{a_0 \bar{\omega}}{1 + \bar{\omega}^2} \tag{6.75}$$

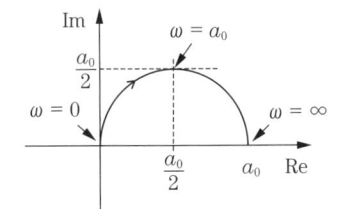

図6.27 近似微分システムのベクトル軌跡例

これより，次の関係を得る。

$$\bar{\omega} = \frac{x}{y} \tag{6.76}$$

式(6.76)を式(6.75)の第1式または第2式に代入して，$\bar{\omega}$を消去し整理すると，円軌跡を規定する式(6.74a)を得る．このとき$\bar{\omega} \geq 0$であるので，式(6.75)の第2式より，半円条件$y \geq 0$を得る．

以下を課題として残しておくので，読者は解答を試みよ．

**課題 6.1**

（1） **相似性**　ゲインつきの1次遅れ要素として記述される次のシステムを考える．

$$G(s) = K\frac{a_0}{s + a_0} \quad ; a_0 > 0, \quad K > 0$$

第1に，本システムのベクトル軌跡を$K = 0.5, 2$の場合について描画し，相似性を確認せよ．第2に，本ベクトル軌跡が次式で規定されることを証明せよ．

$$\left(x - \frac{K}{2}\right)^2 + y^2 = \left(\frac{K}{2}\right)^2$$

ただし

$$x = \mathrm{Re}(G(j\omega)), \quad y = \mathrm{Im}(G(j\omega))$$

第3に，上式の円軌跡と式(6.74)の円軌跡との関係を論ぜよ．

（2） **PID制御器**　式(6.47)のPID制御器のベクトル軌跡を，図6.15に対応した条件$K_i = 0.4, K_p = 2, K_d = 0.5$で描画せよ．

（3） **$n$次積分システム**　式(6.17)に記述した$n$次積分システムに関し，$n = 2, 3, 4$の場合のベクトル軌跡を描画せよ．

（4） **1次遅れ要素つき$n$次積分システム**　次のシステムを考える．

$$G(s) = \frac{1}{s^n(s + 1)}$$

$n = 1, 2, 3, 4$の場合について，本システムの周波数応答を求め，ベクトル軌跡

（5） **むだ時間要素つき1次遅れシステム** 次のシステムの周波数応答を求め，ベクトル軌跡を描画せよ．

$$G(s) = \frac{e^{-s}}{s+1}$$

（6） **3次遅れシステム** 次のシステムの周波数応答を求め，ベクトル軌跡を描画せよ（図6.18参照）．

$$G(s) = \frac{6}{(s+1)(s+2)(s+3)}$$

システムの伝達関数といえば，暗黙の了解として，システムの入力から出力に至る伝達関数すなわち閉ループ伝達関数を意味する．本書の6.3節までは，これを簡単に $G(s)$ として表現してきた．しかしながら，閉ループ伝達関数と開ループ伝達関数とを明瞭に区別する必要がある場合には，おのおの，$G_c(s)$，$G_o(s)$ と表記する．すなわち，本節以降では，閉ループ伝達関数を，$G(s)$ または $G_c(s)$ を用いて表記する．

## 6.4 周波数応答表現法の補足

周波数応答の表現法としては，6.2, 6.3節に説明したボード線図，ベクトル軌跡法が多用されている．ベクトル軌跡法と類似した周波数応答表現法として，ゲイン位相線図（gain-phase diagram）がある．また，開ループ伝達関数の周波数応答から閉ループ伝達関数の周波数応答を求める方法として，ニコルス線図（Nichols chart），MN線図（MN chart）による方法がある．ニコルス線図は，開ループ伝達関数の周波数応答をゲイン位相線図と同一の座標上に描画するものであり，一方，MN線図は開ループ伝達関数の周波数応答をベクトル軌跡法と同一の極座標上に描画するものである．

これらは，今日の制御システムの解析・設計に必ずしも利用されているわけではない．特に，開ループ伝達関数の周波数応答と閉ループ伝達関数の周波数

応答との相互変換はパソコンを用いれば瞬時に計算でき，筆者は，ニコルス線図，MN 線図は，パソコンの出現と同時にその役割を終えたと考えている。しかしながら，制御工学に従事する者は，教養の一端としてこの概要を把握しておく必要があると思われるので，これを説明する。

### 6.4.1 ゲイン位相線図

ベクトル軌跡法は，周波数 $\omega = 0 \sim \infty$ にわたり，周波数応答の振幅特性と位相特性とを極座標の上に描画したもの，あるいは周波数応答の実数部と虚数部とを直交複素座標上に描画したものである。ベクトル軌跡法と類似した周波数応答表現法として，ゲイン位相線図（gain-phase diagram）がある。これは，縦軸をデシベル値（dB）の振幅特性のための軸とし，横軸を位相特性のための軸とした 2 軸直交座標上に，ある周波数範囲 $\omega = 0 \sim \omega_{max} < \infty$ にわたり，周波数応答の軌跡（ゲイン位相軌跡）を描画したものである。

図 6.28 にゲイン位相線図の一例を示した。同図のゲイン位相軌跡は，式 (6.31) に示した 2 次遅れ要素の周波数応答に関し，これを式 (6.32b) の振幅と位相の形に表現した上で，減衰係数 $\zeta = 0.2, 0.4, 0.6, 0.8, 1.0, 1.2, 1.4$ の場合について描画したものである。なお，描画周波数範囲は，正規化周波数 $\bar{\omega} = \omega/\omega_n$ で $\bar{\omega} = 0 \sim 10$ とした。

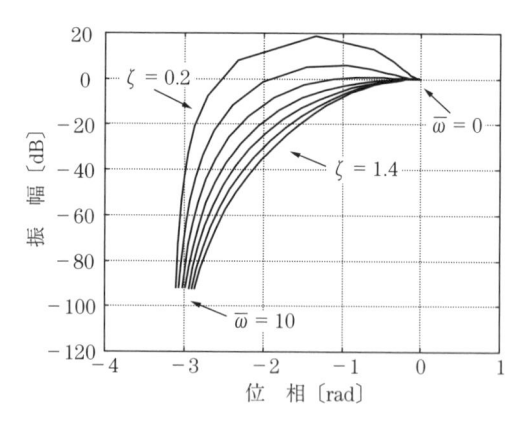

図 6.28 ゲイン位相線図の一例

## 6.4.2 ニコルス線図

図 6.29 に示したフィードバックシステムを考える。本システムにおいては，閉ループ伝達関数 $G_c(s)$ と開ループ伝達関数 $G_o(s)$ は，次の関係を有する（6.3 節の最後の段落を参照）。

$$G_c(s) = \frac{G_o(s)}{1 + G_o(s)}, \quad G_c^{-1}(s) = 1 + G_o^{-1}(s) \tag{6.77}$$

閉ループ伝達関数と開ループ伝達関数との周波数応答を，おのおの次式のように表現する。

$$G_c(j\omega) = |G_c(j\omega)|e^{j\phi_c(\omega)}, \quad G_o(j\omega) = |G_o(j\omega)|e^{j\phi_o(\omega)} \tag{6.78}$$

式 (6.78) を式 (6.77) に用いると，ただちに次の関係を得る。

$$G_c(j\omega) = \frac{|G_o(j\omega)|}{|G_o(j\omega)| + \cos\phi_o(\omega) - j\sin\phi_o(\omega)} \tag{6.79a}$$

$$|G_c(j\omega)| = \frac{|G_o(j\omega)|}{\sqrt{1 + |G_o(j\omega)|^2 + 2\cos\phi_o(\omega)|G_o(j\omega)|}} \tag{6.79b}$$

$$\phi_c(\omega) = \tan^{-1}\frac{\sin\phi_o(\omega)}{|G_o(j\omega)| + \cos\phi_o(\omega)} \tag{6.79c}$$

式 (6.79b) は，$|G_o(j\omega)|$ について再整理すると次式に変換される。

$$|G_o(j\omega)| = \frac{-|G_c(j\omega)|^2}{|G_c(j\omega)|^2 - 1}\cos\phi_o(\omega)$$

$$\pm \sqrt{\frac{|G_c(j\omega)|^4}{(|G_c(j\omega)|^2 - 1)^2}\cos^2\phi_o(\omega) - \frac{|G_c(j\omega)|^2}{|G_c(j\omega)|^2 - 1}} \tag{6.80a}$$

一方，式 (6.79c) は，$|G_o(j\omega)|$ について再整理すると次式に変換される。

$$|G_o(j\omega)| = \frac{\sin\phi_o(\omega)}{\tan\phi_c(\omega)} - \cos\phi_o(\omega) \tag{6.80b}$$

式 (6.80) の 2 式に関して，$|G_c(j\omega)| = \text{const}$ あるいは $\phi_c(\omega) = \text{const}$ として，開ループ伝達関数の位相 $\phi_o(\omega)$ の変化に対応した振幅 $|G_o(j\omega)|$ の線図を描くこ

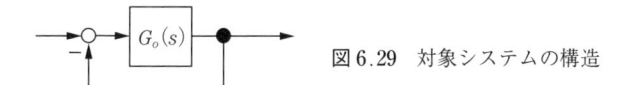

図 6.29 対象システムの構造

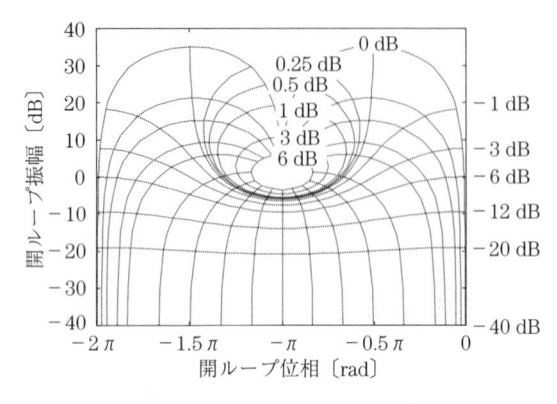

122    6. システム評価のための周波数応答

図 6.30 ニコルス線図の一例

とができる。主要な一定値 $|G_c(j\omega)|, \phi_c(\omega)$ に関して，縦軸をデシベル値（dB）の振幅特性のための軸とし，横軸を位相特性のための軸とした2軸直交座標（すなわち，ゲイン位相線図の直交座標と同一座標）上に描かれた線図は，ニコルス線図（Nichols chart）と呼ばれる。図 6.30 にニコルス線図を例示した。同図では，主要な一定値 $|G_c(j\omega)|, \phi_c(\omega)$ に関して描かれたニコルス線図を破線で示している。

ニコルス線図は，開ループ伝達関数の周波数応答から閉ループ伝達関数の周波数応答を線図上の手作業により概略的に求めるものである。具体的には，まず，開ループ伝達関数周波数応答をゲイン位相線図上に描画し，ゲイン位相軌跡を得る。次に，描画したゲイン位相軌跡の上にニコルス線図（破線表示）を重ね，ゲイン位相軌跡とニコルス線図との交点から対応の閉ループ伝達関数の振幅と位相を読み取る。読み取った振幅と位相は，閉ループ伝達関数の周波数応答のそれとなっている。上記特性を利用した制御器設計法もある。

### 6.4.3　MN 線図

再び，図 6.29 に示したフィードバックシステムを考える。開ループ伝達関数 $G_o(s)$ の周波数応答を，次式のように実数部と虚数部に分けて表現する。

## 6.4 周波数応答表現法の補足

$$G_o(j\omega) = \text{Re}\{G_o(j\omega)\} + j\text{Im}\{G_o(j\omega)\} = x + jy \tag{6.81}$$

式(6.81)を式(6.77)に用いると，開ループ伝達関数の周波数応答と閉ループ伝達関数の周波数応答の関係として次式を得る．

$$G_c(j\omega) = |G_c(j\omega)|e^{j\phi_c(\omega)} = \frac{x+jy}{1+x+jy} \tag{6.82}$$

閉ループ伝達関数の振幅特性，位相特性に着目すると，式(6.82)より次式を得る．

$$M = |G_c(j\omega)| = \sqrt{\frac{x^2+y^2}{(1+x)^2+y^2}} \tag{6.83a}$$

$$N = \tan\phi_c(\omega) = \frac{y}{x^2+x+y^2} \tag{6.83b}$$

上の2式は，次のように書き改めることができる．

$$\left(x + \frac{M^2}{M^2-1}\right)^2 + y^2 = \frac{M^2}{(M^2-1)^2} \tag{6.84a}$$

$$\left(x + \frac{1}{2}\right)^2 + \left(y - \frac{1}{2N}\right)^2 = \frac{1}{4} \cdot \frac{1+N^2}{N^2} \tag{6.84b}$$

式(6.84a)は，$M \neq 1$ とするならば，次の中心と半径とをもつ円を示す．

$$\frac{-M^2}{M^2-1} + j0, \quad \frac{M}{|M^2-1|}$$

$M=1$ の場合には，式(6.84a)は半径無限大の円を意味する．換言するならば，元の式(6.83a)より理解されるように，$x=-1/2$ の直線を意味する．一方，式(6.84b)は，次の中心と半径とをもつ円を示す．

$$\frac{-1}{2} + j\frac{1}{2N}, \quad \frac{\sqrt{1+N^2}}{2|N|}$$

式(6.84a)によれば，主要な一定値 $M = |G_c(j\omega)| = \text{const}$ に対して，直交複素座標上に円線図（等振幅円）を描くことができる．同様に，式(6.84b)によれば，主要な一定値 $N = \tan\phi_c(\omega) = \text{const}$ に対して，直交複素座標上に円線図（等位相円）を描くことができる．このように描いた線図は，MN線図（MN chart）あるいはホール線図（Hall chart）と呼ばれる．

図 6.31 に MN 線図を破線で表示した．同図では，一定値 $M = |G_c(j\omega)|$ の等振幅円として 0.1 刻みで $M = 0.5 \sim 1.5$ にわたり表示した．また，一定値 $N = \tan \phi_c(\omega)$ の等位相円として，$\phi_c = \pm \pi/i\,;\,i = 2 \sim 9$ に対応した円を表示した．実軸上に中心をもつ円が等振幅円であり，$-1/2 + j1/(2N)$ の虚軸と平行な直線上に中心をもつ円が等位相円である．同図では，図の輻輳を避けるため，等位相円の $N$ 値に関しては，両端を除き，記入を避けた．

MN 線図は，開ループ伝達関数の周波数応答から閉ループ伝達関数の周波数応答を線図上の手作業により概略的に求めるものである．具体的には，まず，開ループ伝達関数周波数応答を直交複素座標上（あるいは極座標上）に描画し，ベクトル軌跡を得る．次に，描画したベクトル軌跡の上に MN 線図（破線表示）を重ね，ベクトル軌跡と MN 線図との交点から対応の閉ループ伝達関数の振幅と位相を読み取る．読み取った振幅と位相は，閉ループ伝達関数の周波数応答のそれとなっている．上記特性を利用した制御器設計法もある．

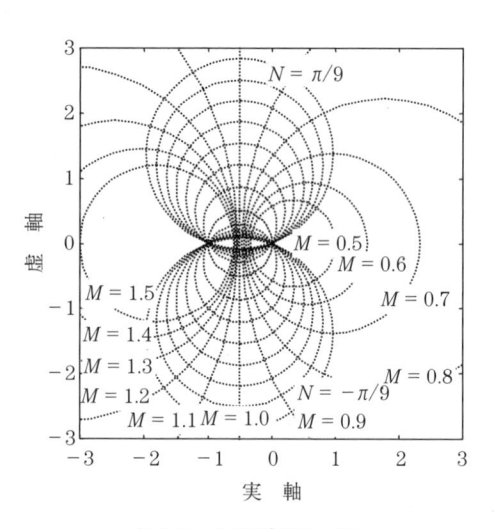

図 6.31 MN 線図の一例

## 6.5 周波数応答と時間応答の関係

### 6.5.1 速応性の関係

再び，図 6.29 に示したフィードバックシステムを考える。本システムにおいては，開ループ伝達関数 $G_o(s)$ と閉ループ伝達関数 $G_c(s)$ とは，式(6.77)，(6.78)の関係を有している。式(6.78)を式(6.77)に用いると次式を得る。

$$|G_c(j\omega)|^{-1} e^{-j\phi_c(\omega)} = 1 + |G_o(j\omega)|^{-1} e^{-j\phi_o(\omega)} \qquad (6.85)$$

開ループ伝達関数において次の式(6.86)が成立する周波数 $\omega_o$ が，ゲイン交差周波数 (gain crossover frequency) である。

$$|G_o(j\omega_o)| = 1, \quad 20 \log|G_o(j\omega_o)| = 0 \,[\text{dB}] \qquad (6.86)$$

式(6.86)を式(6.85)に用いると，ゲイン交差周波数において次の関係を得る。

$$G_c(j\omega_o) = \frac{1}{1 + \cos\phi_o(\omega_o) - j\sin\phi_o(\omega_o)} \qquad (6.87\text{a})$$

$$|G_c(j\omega_o)| = \frac{1}{\sqrt{2}\sqrt{1 + \cos\phi_o(\omega_o)}} \qquad (6.87\text{b})$$

$$\phi_c(\omega_o) = \tan^{-1}\frac{\sin\phi_o(\omega_o)}{1 + \cos\phi_o(\omega_o)} \qquad (6.87\text{c})$$

閉ループ伝達関数において，次の式(6.88)が成立する周波数 $\omega_c$ が帯域幅 (bandwidth) である。

$$|G_c(j\omega_c)| = \frac{1}{\sqrt{2}}, \quad 20 \log|G_c(j\omega_c)| \approx -3 \,[\text{dB}] \qquad (6.88)$$

式(6.88)を式(6.85)に用いると，帯域幅において次の関係を得る。

$$G_o(j\omega_c) = \frac{1}{\sqrt{2}(\cos\phi_c(\omega_c) - j\sin\phi_c(\omega_c)) - 1} \qquad (6.89\text{a})$$

$$|G_o(j\omega_c)| = \frac{1}{\sqrt{3 - 2\sqrt{2}\cos\phi_c(\omega_c)}} \qquad (6.89\text{b})$$

$$\phi_o(\omega_c) = \tan^{-1}\frac{\sqrt{2}\sin\phi_c(\omega_c)}{\sqrt{2}\cos\phi_c(\omega_c) - 1} \qquad (6.89\text{c})$$

式(6.87), (6.89)より, 下の式(6.90a)の2式のいずれかの位相関係が成立する場合には, 開ループ伝達関数のゲイン交差周波数 $\omega_o$ と閉ループ伝達関数の帯域幅 $\omega_c$ とは式(6.90b)の関係を有することがわかる。

$$\phi_o(\omega_o) \approx -\frac{\pi}{2}, \quad \phi_c(\omega_c) \approx -\frac{\pi}{4} \tag{6.90a}$$

$$\omega_o \approx \omega_c \tag{6.90b}$$

式(6.90a)の関係は, 閉ループ伝達関数の相対次数（分母多項式の次数と分子多項式の次数の差）が1次であれば, 簡単に達成することができる。

さてここで, ステップ応答における立上り時間 $T_r$ を考える。後で明らかにするように, 少なくとも1次遅れシステムおよび2次遅れシステムの閉ループ伝達関数においては, 周波数応答における帯域幅 $\omega_c$ とステップ応答における立上り時間との間には, 次の近似関係が成立する。

$$\omega_c \approx \frac{2.2}{T_r} \tag{6.91}$$

式(6.90)と式(6.91)とを結合すると, 近似ではあるが設計上非常に有用な次の関係を得る。

**【周波数応答とステップ応答における速応性の関係】**

$$\omega_o \approx \omega_c \approx \frac{2.2}{T_r} \tag{6.92}$$

$\diamondsuit$

上の関係式において, ゲイン交差周波数, 帯域幅の単位は (rad/s) であり, 立上り時間の単位は (s) である。

### 6.5.2　1次遅れシステム

相対次数が1次の伝達関数をもつ最も簡単なシステムは, 次のものである。

$$G_o(s) = \frac{K}{s} \quad ; K = \text{const} > 0 \tag{6.93}$$

本開ループ伝達関数は, 式(6.15)と同一の比例要素つき積分要素であり, 次の関係が成立している（図6.4参照）。

$$|G_o(jK)| = 1, \quad 20\log|G_o(jK)| = 0 \text{ [dB]} \tag{6.94a}$$

すなわち，次式に示すように，ゲイン $K$ はゲイン交差周波数そのものとなっている。

$$\omega_o = K \tag{6.94b}$$

本開ループ伝達関数 $G_o(s)$ に基づく閉ループ伝達関数 $G_c(s)$ は次式となり

$$G_c(s) = \frac{G_o(s)}{1+G_o(s)} = \frac{K}{s+K} \tag{6.95}$$

また，その帯域幅は次式となる（式(6.26b)参照）。

$$\omega_c = K \tag{6.96}$$

ここで，本システムの時間応答，特にステップ応答を考える。閉ループ伝達関数の時定数 $T_c$，立上り時間 $T_r$ に関しては次の関係が成立した（式(5.4)，(5.6)参照）。

$$K = \frac{1}{T_c} = \frac{2.2}{T_r} \tag{6.97}$$

式(6.93)，(6.95)の1次システムに関しては，式(6.94b)，(6.96)，(6.97)より，開ループ伝達関数の周波数応答，閉ループ伝達関数の周波数応答と時間応答の三者の間には，式(6.92)の関係が正確に成立している。すなわち

$$\omega_o = \omega_c = \frac{2.2}{T_r} = \frac{1}{T_c} \tag{6.98}$$

相対次数が1次の高次制御システムにおいては，立上り時間と時定数の関係を含めて，式(6.98)の関係を近似的に成立させることができる。このときの時定数は，非振動的なステップ応答において，応答値が定常値の約63%に到達する時間で定義されている（5.2節参照）。

### 6.5.3　2次遅れシステム

〔1〕**速応性の関係**　相対次数が2次の閉ループ伝達関数 $G_c(s)$ をもつ次のシステムを考える。

$$G_c(s) = \frac{\omega_n^2}{s^2 + 2\zeta\omega_n s + \omega_n^2} \tag{6.99}$$

本システムが図 6.29 のフィードバック構造を有していると仮定すると，対応の開ループ伝達関数 $G_o(s)$ は，次式となる（図 4.8 参照）．

$$G_o(s) = \frac{G_c(s)}{1 - G_c(s)} = \frac{\omega_n^2}{s(s + 2\zeta\omega_n)} \tag{6.100}$$

本開ループ伝達関数のゲイン交差周波数 $\omega_o$ は，次式 (6.101a) より，式 (6.101b) のように求めることができる．

$$|G_o(j\omega_o)| = \left| \frac{\omega_n^2}{j\omega_o(j\omega_o + 2\zeta\omega_n)} \right| = \frac{\omega_n^2}{\omega_o\sqrt{\omega_o^2 + 4\zeta^2\omega_n^2}}$$

$$= \frac{1}{\dfrac{\omega_o}{\omega_n}\sqrt{\left(\dfrac{\omega_o}{\omega_n}\right)^2 + 4\zeta^2}} = 1 \tag{6.101a}$$

$$\frac{\omega_o}{\omega_n} = \sqrt{\sqrt{4\zeta^4 + 1} - 2\zeta^2} \tag{6.101b}$$

図 6.32 に，開ループ伝達関数のゲイン交差周波数を示す式 (6.101b) と，閉ループ伝達関数の帯域幅を示す式 (6.38a) とを，減衰係数 $\zeta$ を横軸に描画した．非振動的なモードが支配する $\zeta \geqq 1$ の場合には，開ループ伝達関数のゲイン交差周波数と閉ループ伝達関数の帯域幅とは，おおむね同等であることがわかる．すなわち，概略的ながら式 (6.90) の関係が成立している．

同図から理解されるように，振動的なモードが支配する $\zeta < 1$ の場合には，式 (6.90a) の関係が維持されず，ゲイン交差周波数と帯域幅とは等しくならない．しかし，図 6.33 に示した拡大図より理解されるように，その相対誤差は，$0.2 \leqq \zeta \leqq 1.4$ の範囲では 1.2〜1.6 程度であり，基準値 $\zeta = 1$ では約 1.3 である．相対誤差の特性を概略抑えておくならば，式 (6.90b) に示した $\omega_o \approx \omega_c$ のとらえ方は，制御システム設計上たいへん有用である．簡単には，次の近似式を利用してもよい．

$$\omega_c \approx 1.3\,\omega_o \tag{6.102}$$

図 6.33 には，式 (6.91) に従い，立上り時間 $T_r$ の逆数に 2.2 倍した値も表示した．このときの立上り時間は，式 (5.26) の近似式を利用している．実際的な利用範囲 $0.5 \leqq \zeta \leqq 1.4$ においては，閉ループ伝達関数の帯域幅と立上り

## 6.5 周波数応答と時間応答の関係

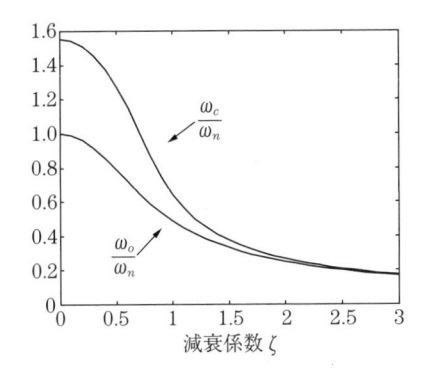

図6.32 2次遅れシステムにおける帯域幅とゲイン交差周波数の関係

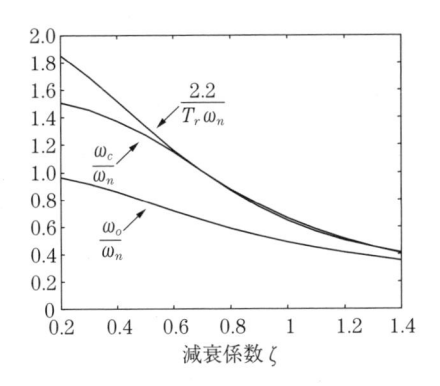

図6.33 2次遅れシステムにおける速応性指標の関係 ($0.2 \leqq \zeta \leqq 1.4$)

時間の間には，式(6.91)の関係が実質的に成立していることが確認される†。

〔2〕**安定性の関係**　ステップ応答における行き過ぎ量 $y_{o1}$，振幅減衰比 $A_d$ は，次式となった（式(5.28)，式(5.30)参照）。

$$y_{o1} = \exp\left(\frac{-\zeta\pi}{\sqrt{1-\zeta^2}}\right) \quad ; 0 < \zeta < 1 \tag{6.103a}$$

$$A_d = \exp\left(\frac{-2\zeta\pi}{\sqrt{1-\zeta^2}}\right) \quad ; 0 < \zeta < 1 \tag{6.103b}$$

これらを支配する減衰比 $\zeta/\sqrt{1-\zeta^2}$ は，式(6.36)の関係を利用し，周波数応答における共振値 $G_{\max}$ を用いて次のように評価することもできる。

$$\frac{\zeta}{\sqrt{1-\zeta^2}} = G_{\max} - \sqrt{G_{\max}^2 - 1} \tag{6.104}$$

式(6.103)，(6.104)より明白なように，ステップ応答における行き過ぎ量，振幅減衰比と周波数応答における共振値とは，直接的に関係している。これらは，ともにシステムの安定性評価の目安となる。

---

† 閉ループ伝達関数の帯域幅と立上り時間に関し，多くのテキストでは，次式を示している。

$$\omega_c \approx \frac{\pi}{T_r}$$

上式は，周波数応答を通過帯域，過渡帯域，阻止帯域と分けるとき，過渡帯域がゼロの理想的周波数特性を前提として導出されたものである。換言するならば，上式は実際的ではない。図6.33で確認したように，本書提示の式(6.91)がより実際的である。

# 7 システムの安定性

制御システムの設計・構築に際して抑えておくべき重要仕様が，システムの安定性と速応性である．本章では，システムの安定性に関し，その概念・定義から有用な安定判別法までを体系的に説明する．

## 7.1 安定性の定義と性質

### 7.1.1 安定性の定義

システムの安定性（stability）は，概略的には次のように説明される．「システムが安定（stable）である」とは，システムへ印加される入力信号およびこれに混入する外乱がある時刻以降常時ゼロとなった場合，システムの内部状態とこの出力信号が時間の経過とともにゼロへと漸減することをいう．システムの安定性は，厳密には以下のように定義される．

【安定性の定義Ⅰ（漸近安定）】

平衡状態にあるシステムに対し瞬時的な入力信号あるいは外乱を与え，平衡状態から遊離させた場合，システムが時間経過につれて（すなわち，漸近的に）元の平衡状態あるいはその近傍に復帰する場合には，システムは安定である．

◇

【安定性の定義Ⅱ（有界入力有界出力安定）】

内部状態がゼロのシステムに対し任意の有界な入力信号を加えた場合，その出力信号が有界であるとき，システムは安定である．

◇

定義Ⅰに従う安定は，特に漸近安定（asymptotically stable）と呼ばれる．

冗長性のない（すなわち，伝達関数の分母と分子が共通項を有しない既約な）線形時不変システムを考える．本システムの時間応答の一つに，瞬時的な入力信号の一つであるデルタ関数に対するインパルス応答がある．本システムに関しては，インパルス応答を用い，定義Ⅰの漸近安定性を次のように言い換えることができる．インパルス応答が時間経過につれてゼロへ減衰する場合は，冗長性のない線形時不変システムは漸近安定である．

　図7.1に，上段にはデルタ関数を入力とするシステム $G(s)$ を，下段にはこの3種のインパルス応答 $g(t)$ を概略的に例示した．同図(a)のインパルス応答は，時間経過につれゼロへ減衰している．したがって，このインパルス応答をもつシステムは安定である．同図(c)のインパルス応答は，時間経過につれ発散している．したがって，本インパルス応答をもつシステムは不安定（unstable）である．これに対して，同図(b)のインパルス応答は，時間経過にもかかわらず，減衰も発散もせず一定値を維持している．本インパルス応答をもつシステムは，安定限界（marginally stable, marginally unstable）にあるという．安定限界なシステムは，安定性の定義に従い，不安定システムとして扱うことになる．

　定義Ⅱにおける有界入力，有界出力とは，入力信号 $u(t)$，出力信号 $y(t)$ に関して，次式に示す有界な正値 $M$，$N$ が存在することを意味する．

$$|u(t)| \leq M < \infty, \quad |y(t)| \leq N < \infty \tag{7.1a}$$

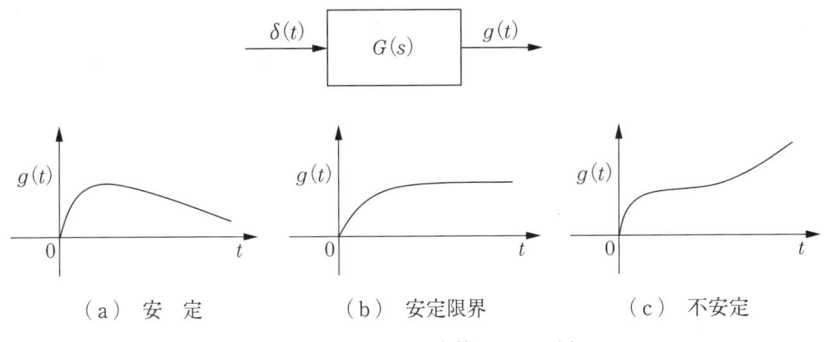

図7.1　インパルス応答の三つの例
（a）安定　　（b）安定限界　　（c）不安定

したがって，内部状態がゼロのシステムに対する定義IIが定める安定の条件は，任意の入力信号に関し，次式として表現することもできる．

$$|u(t)| \leq M < \infty \quad \rightarrow \quad |y(t)| \leq N < \infty \quad (7.1b)$$

特に，定義IIに従う安定は，有界入力有界出力安定（BIBO stable, bounded-input bounded-output stable）と呼ばれる．

冗長性のない線形時不変システムの入力信号と出力信号とは，インパルス応答 $g(t)$ を用いた次の畳込み積分で関係づけられる．

$$y(t) = \int_0^t g(t-\tau)u(\tau)d\tau = \int_0^t u(t-\tau)g(\tau)d\tau \quad (7.2a)$$

これより，有界な入力信号に対しては次の不等式が成立する．

$$|y(t)| = \left| \int_0^t u(t-\tau)g(\tau)d\tau \right| \leq \int_0^t |u(t-\tau)||g(\tau)|d\tau$$

$$\leq M \int_0^t |g(\tau)|d\tau \leq M \int_0^\infty |g(t)|dt \quad (7.2b)$$

したがって，インパルス応答 $g(t)$ が次の式(7.2c)の関係を満足すれば，出力信号の有界性が主張でき，定義IIよりシステムは有界入力有界出力安定といえる．

$$\int_0^\infty |g(t)|dt < \infty \quad (7.2c)$$

式(7.2c)は，図7.1(a)の減衰応答を意味し，ひいては定義Iの漸近安定を意味する．インパルス応答 $g(t)$ の減衰が指数的であることを考慮すると，漸近安定は式(7.2c)を意味する．すなわち，冗長性のない線形時不変システムにおいては，有界入力有界出力安定であれば漸近安定であり，この逆もいえる．換言するならば，安定性の定義IとIIとは等価である．このため，冗長性のない線形時不変システムにおいては，「漸近」，「有界入力有界出力」の冠を取り除き，単に「安定」という．なお，安定な線形時不変システムに関しては，式(7.1b)と類似した次の関係も成立する．

$$\int_0^\infty u^2(t)dt < \infty \quad \rightarrow \quad \int_0^\infty y^2(t)dt < \infty \quad (7.3)$$

式(7.3)は，有界な入力エネルギーに対し，有界な出力エネルギーを示すものである．

## 7.1.2 安定性の性質

線形時不変システムの安定性に関しては，以下の性質が成立する．

【安定性の4性質】

① 線形時不変システムに関しては，二つの安定性の定義は等価である．

② 線形時不変システムの安定性は，システム伝達関数の極（特性根）のみに依存し，入力信号の性質にはよらない．

③ 線形時不変システムが安定であるための必要十分条件は，システム伝達関数のすべての極（特性根）の実数部が負であること，換言するならば，すべての極（特性根）が $s$ 平面（複素平面）の左半平面に存在することである．

④ 線形時不変システムが安定ならば，システム伝達関数の特性多項式（分母多項式）のすべての係数は非ゼロで，かつ同符号である．

◇

上の性質における伝達関数とは，システムの伝達関数，すなわち，システムの入力から出力までの伝達関数を意味する．特に，システムがフィードバックシステムの場合には，本伝達関数は閉ループ伝達関数を意味する．

性質①に関しては，すでに前項で証明した．性質②，③を以下に証明する．図7.1の上段に示したシステムを考える．本システムの伝達関数 $G(s)$ は，二つの多項式 $A(s)$，$B(s)$ の有理関数（有理多項式）として，次のように表現されているものとする．

$$G(s) = \frac{B(s)}{A(s)} \tag{7.4a}$$

$$A(s) = s^n + a_{n-1}s^{n-1} + \cdots + a_0 \tag{7.4b}$$

$$B(s) = b_{n-1}s^{n-1} + b_{n-2}s^{n-2} + \cdots + b_0 \tag{7.4c}$$

特性多項式（分母多項式）$A(s)$ に関しては，性質②，③の簡明な証明のため，$A(s)$ は重根をもたないものとする．

入力信号 $u(t)$ をデルタ関数 $\delta(t)$ とするとき，出力信号 $y(t)$ はインパルス応答 $g(t)$ となる．$n$ 個の極を $s_i$ とすると，インパルス応答は次のように求めら

れる（式(2.67)参照）。

$$g(t) = y(t) = \mathcal{L}^{-1}\{Y(s)\} = \mathcal{L}^{-1}\{G(s)U(s)\} = \mathcal{L}^{-1}\left\{\frac{B(s)}{A(s)} \cdot 1\right\}$$

$$= \mathcal{L}^{-1}\left\{\sum_{i=1}^{n} \frac{c_i}{s - s_i}\right\} = \sum_{i=1}^{n} c_i e^{s_i t} \tag{7.5a}$$

$$c_i = \left.\frac{B(s)}{\dfrac{d}{ds}A(s)}\right|_{s=s_i} \tag{7.5b}$$

式(7.5)は，$g(t) \to 0$ となるための必要十分条件は，すべての極の実数部が負であることを意味している．換言するならば，システムが安定であるための必要十分条件は，すべての極の実数部が負であること（すべての極が複素平面の左半平面に存在すること）を意味する．式(7.5)を用いた証明は，特性多項式 $A(s)$ が重根をもたないものとした．特性多項式が重根をもつ，より一般的な場合にも，同様な証明が可能である．

続いて，性質④を証明する．特性多項式 $A(s)$ の最大次数の係数を式(7.4)のように常時1とする場合には，性質④は次のように言い換えることができる．線形時不変システムが安定ならば，システム伝達関数の特性多項式の全係数は正である．この場合の特性多項式 $A(s)$ は，極 $s_i$ を用いて次のように因数分解することができる．

$$A(s) = s^n + a_{n-1}s^{n-1} + \cdots + a_0 = (s - s_1)(s - s_2)\cdots(s - s_n) \tag{7.6}$$

式(7.6)の第2式と第3式の同一次数の係数を等置することにより，次の関係を得る．

$$\left.\begin{array}{l} a_{n-1} = -\sum\limits_{i=1}^{n} s_i, \quad a_{n-2} = \sum\limits_{\substack{i=1 \\ i \neq j}}^{n}\sum\limits_{j=1}^{n} s_i s_j, \\ a_{n-3} = -\sum\limits_{\substack{i=1 \\ i \neq j \neq k}}^{n}\sum\limits_{j=1}^{n}\sum\limits_{k=1}^{n} s_i s_j s_k, \quad \cdots, \quad a_0 = (-1)^n \prod\limits_{i=1}^{n} s_i \end{array}\right\} \tag{7.7}$$

式(7.7)より，すべての極 $s_i$ の実数部が負ならば（すなわち，すべての $-s_i$ の実数部が正ならば），特性多項式 $A(s)$ の係数 $a_i$ は正となる．

性質④は安定性のための必要条件を示したものであり，十分条件については

言及していない。この点には注意されたい。

## 7.2 極による安定判別法

再び式(7.4)で記述されたシステムを考える。安定性の性質③によれば,「線形時不変システムが安定であるための必要十分条件は,システム伝達関数のすべての極(特性根)の実数部が負であること,換言するならば,すべての極(特性根)が $s$ 平面(複素平面)の左半平面に存在すること」であった。本性質に基づくシステムの安定判別法は,極による安定判別法(pole stability criterion)と呼ばれる。本判別法の理解を深めるべく,以下に数例を示す。なお,安定性を支配する特性多項式は,式(7.4)同様,$A(s)$ で表現する。

1) $A(s) = s^2 + 5s + 6$

本特性多項式の二つの極は $s_1 = -2, s_2 = -3$ であり,その実数部はともに負である。したがって,本特性多項式をもつシステムは安定である。

2) $A(s) = s^2 + 3s - 10$

本特性多項式の二つの極は $s_1 = -5, s_2 = 2$ であり,一つの極の実数部は正である。したがって,本特性多項式をもつシステムは不安定である。なお,特性多項式のすべての係数が正でないので,極を算定することなく,性質④に基づき,システムの不安定性を結論づけることもできる。

3) $A(s) = s^3 + 2s^2 + 25s + 50$

本特性多項式は,次式のように因数分解される。

$$A(s) = (s + 2)(s^2 + 25)$$

したがって,三つの極は $s_1 = -2, s_2 = j5, s_3 = -j5$ であり,二つの極の実数部はゼロである。よって,本特性多項式をもつシステムは不安定である。本例では,二つの極が複素平面上の虚軸上にあり,厳密には,本システムは安定限界のシステムといえる。

4) $A(s) = s^5 + 4s^4 + 8s^3 + 9s^2 + 6s + 2$

本特性多項式は,次式のように因数分解される。

$$A(s) = (s+1)(s^2+2s+2)(s^2+s+1)$$

したがって，五つの極は $s_i = -1, -1 \pm j, -1/2 \pm j\sqrt{3}/2$ であり，すべての極の実数部は負である．よって，本特性多項式をもつシステムは安定である．

多項式 $A(s)$ の根に関し，実数部が負の根は安定根（stable root），反対に，実数部が正の根は不安定根（unstable root）と呼ばれることもある．また，安定根のみで構成される多項式 $A(s)$ は，安定多項式（stable polynomial）あるいはフルビッツ多項式（Hurwitz polynomial）と呼ばれ，一つでも不安定根をもつ多項式は不安定多項式と呼ばれる．例1），4）の多項式 $A(s)$ は安定多項式である．

## 7.3　係数処理による安定判別法

「極による安定判別法」を用いてシステムの安定判別を行う場合には，極を算定する必要がある．すなわち，特性方程式の根の求解が必要である．特性方程式の根を求めることなく，特性多項式の係数処理を通じ，本多項式をもつシステムの安定性を直接的に判定する方法がある．これが，フルビッツの安定判別法（Hurwitz stability criterion），ラウスの安定判別法（Routh stability criterion）である．両者は数学的に等価であり，両者を併せて，ラウス・フルビッツの安定判別法（Routh-Hurwitz stability criterion）と呼ぶこともある．これら判別法の構築原理の説明は他書に譲り，本節では，構築された判別法のみを紹介する．

### 7.3.1　フルビッツの安定判別法

〔1〕　判別法と低次多項式への応用　　フルビッツの安定判別法は，式(7.4)で記述されるシステム $G(s)$ の安定判別を特性多項式 $A(s)$ の係数 $a_i$ のみで行うものであり，以下のように整理される．

【フルビッツの安定判別法】

式(7.4b)に定義された特性多項式 $A(s)$ が安定多項式となるための必要十分条件は，次の2条件が満たされることである。

① 特性多項式 $A(s)$ のすべての係数 $a_i$ が正である。すなわち

$$a_i > 0 \tag{7.8}$$

② 式(7.9)に示す $n$ 行 $n$ 列 ($n \times n$) のフルビッツ行列 $\boldsymbol{H}_n$ を構成する。本フルビッツ行列から $i \times i$ 主座行列 $\boldsymbol{H}_i; i = 1 \sim n$ を抽出するとき，これによる行列式（主座小行列式）がすべて正である。

$$\boldsymbol{H}_n = \begin{bmatrix} a_{n-1} & a_{n-3} & a_{n-5} & \cdots \\ a_n & a_{n-2} & a_{n-4} & \cdots \\ 0 & a_{n-1} & a_{n-3} & \cdots \\ 0 & a_n & a_{n-2} & \cdots \\ 0 & 0 & a_{n-1} & \cdots \\ 0 & 0 & a_n & \cdots \\ \cdots & \cdots & \cdots & \cdots \end{bmatrix} \quad ; a_n = 1 \tag{7.9}$$

◇

上の判別法を利用することにより，次の有益な結論を得る。

**【低次多項式の安定性】**

1） 次の2次多項式 $A(s)$ を考える。

$$A(s) = s^2 + a_1 s + a_0 \tag{7.10a}$$

本多項式が安定多項式となるための必要十分条件は，すべての係数 $a_i$ が正であることである。すなわち

$$a_i > 0 \tag{7.10b}$$

2） 次の3次多項式 $A(s)$ を考える。

$$A(s) = s^3 + a_2 s^2 + a_1 s + a_0 \tag{7.11a}$$

本多項式が安定多項式となるための必要十分条件は，係数 $a_i$ が次の関係を満足することである。

$$\left. \begin{array}{l} a_i > 0 \\ a_2 a_1 - a_0 > 0 \end{array} \right\} \tag{7.11b}$$

3） 次の4次多項式 $A(s)$ を考える。

$$A(s) = s^4 + a_3 s^3 + a_2 s^2 + a_1 s + a_0 \qquad (7.12\text{a})$$

本多項式が安定多項式となるための必要十分条件は，係数 $a_i$ が次の関係を満足することである。

$$\left.\begin{array}{l} a_i > 0 \\ (a_3 a_2 - a_1)a_1 - a_3^2 a_0 = a_3 a_2 a_1 - a_3^2 a_0 - a_1^2 > 0 \end{array}\right\} \qquad (7.12\text{b})$$

〈証明〉

1) 式(7.10a)の2次多項式の全係数は正である必要がある。これより，式(7.8)の条件を得る。また，本2次多項式に対応した2×2フルビッツ行列 $\boldsymbol{H}_2$ は次式となる。

$$\boldsymbol{H}_2 = \begin{bmatrix} a_1 & 0 \\ 1 & a_0 \end{bmatrix} \qquad (7.13)$$

したがって，この主座小行列式が正となる条件は次式となる。

$$\det \boldsymbol{H}_1 = a_1 > 0 \qquad (7.14\text{a})$$
$$\det \boldsymbol{H}_2 = a_1 a_0 > 0 \qquad (7.14\text{b})$$

式(7.8)，(7.14)の条件は，式(7.10b)に集約される。

2) 式(7.11a)の3次多項式の全係数は正である必要がある。これより，式(7.8)の条件を得る。また，本3次多項式に対応した3×3フルビッツ行列 $\boldsymbol{H}_3$ は次式となる。

$$\boldsymbol{H}_3 = \begin{bmatrix} a_2 & a_0 & 0 \\ 1 & a_1 & 0 \\ 0 & a_2 & a_0 \end{bmatrix} \qquad (7.15)$$

したがって，この主座小行列式が正となる条件は次式となる。

$$\det \boldsymbol{H}_1 = a_2 > 0 \qquad (7.16\text{a})$$

$$\det \boldsymbol{H}_2 = \det \begin{bmatrix} a_2 & a_0 \\ 1 & a_1 \end{bmatrix} = a_2 a_1 - a_0 > 0 \qquad (7.16\text{b})$$

$$\det \boldsymbol{H}_3 = a_0 \det \boldsymbol{H}_2 > 0 \qquad (7.16\text{c})$$

式(7.8)，(7.16)の条件は，式(7.11b)に集約される。

3) 式(7.12a)の4次多項式の全係数は正である必要がある。これより，式

(7.8)の条件を得る。また，本4次多項式に対応した4×4フルビッツ行列 $H_4$ は次式となる。

$$H_4 = \begin{bmatrix} a_3 & a_1 & 0 & 0 \\ 1 & a_2 & a_0 & 0 \\ 0 & a_3 & a_1 & 0 \\ 0 & 1 & a_2 & a_0 \end{bmatrix} \tag{7.17}$$

したがって，この主座小行列式が正となる条件は次式となる。

$$\det H_1 = a_3 > 0 \tag{7.18a}$$

$$\det H_2 = \det \begin{bmatrix} a_3 & a_1 \\ 1 & a_2 \end{bmatrix} = a_3 a_2 - a_1 > 0 \tag{7.18b}$$

$$\det H_3 = \det \begin{bmatrix} a_3 & a_1 & 0 \\ 1 & a_2 & a_0 \\ 0 & a_3 & a_1 \end{bmatrix} = (a_3 a_2 - a_1) a_1 - a_3^2 a_0 > 0 \tag{7.18c}$$

$$\det H_4 = a_0 \det H_3 > 0 \tag{7.18d}$$

式(7.18c)は，$a_i > 0$ の条件下では，次のように改めることができ，式(7.18b)の要件を包含している。

$$(a_3 a_2 - a_1) > \frac{a_3^2 a_0}{a_1} > 0 \tag{7.18e}$$

したがって，式(7.8)，(7.18)の条件は，式(7.12b)に集約される。

◇

〔2〕 **制御器設計への応用例**　図7.2に示した制御システムを考える。本システムは，制御対象 $G_p(s)$ に制御器 $G_{cnt}(s)$ を用いてフィードバック制御を行うものである。本システムの開ループ伝達関数 $G_o(s)$ は，有理多項式として表現されるものとする。すなわち

$$G_o(s) = G_p(s) G_{cnt}(s) = \frac{B_o(s)}{A_o(s)} \tag{7.19a}$$

したがって，本システムの伝達関数（すなわち閉ループ伝達関数）$G_c(s)$ は，

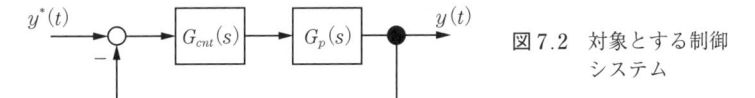

図7.2　対象とする制御システム

次式となる．

$$G_c(s) = \frac{B_c(s)}{A_c(s)} = \frac{G_o(s)}{1+G_o(s)} = \frac{B_o(s)}{A_o(s)+B_o(s)} \tag{7.19b}$$

開ループ伝達関数，閉ループ伝達関数の多項式に関しては，次の関係が成立している．

$$A_c(s) = A_o(s) + B_o(s), \quad B_c(s) = B_o(s) \tag{7.19c}$$

システムの安定性は，閉ループ伝達関数の特性多項式 $A_c(s)$ によって支配される．フルビッツの安定判別法を利用すれば，特性多項式 $A_c(s)$ の極（特性根）を求めることなくシステムの安定判別ができる．また，システムの安定化を図るための制御器の条件を求めることもできる．以下に，特徴的な制御対象と制御器を用い，制御器設計におけるフルビッツの安定判別法の利用法を例示する．

1) 制御対象 $G_p(s)$，制御器 $G_{cnt}(s)$ として，次のものを考える．

$$G_p(s) = \frac{1}{s}, \quad G_{cnt}(s) = d_2 + \frac{d_1}{s} + \frac{d_0}{s^2} \tag{7.20}$$

これは，積分要素として記述された不安定な制御対象に対して，2次制御器を用いて，フィードバック制御システムを構成した一例である．本制御システムが安定化するための制御器係数 $d_i$ の条件について検討する．

システムの（閉ループ）伝達関数 $G_c(s)$ を求めると次式となる．

$$G_c(s) = \frac{B_c(s)}{A_c(s)} = \frac{d_2 s^2 + d_1 s + d_0}{s^3 + d_2 s^2 + d_1 s + d_0} \tag{7.21}$$

式(7.21)の伝達関数は3次の特性多項式を有しているので，式(7.11)が適用される．したがって，本フィードバックシステムが安定化するための条件は次式となる．

$$d_i > 0, \quad d_2 d_1 - d_0 > 0 \tag{7.22}$$

2) 制御対象 $G_p(s)$，制御器 $G_{cnt}(s)$ として，次のものを考える．

$$G_p(s) = \frac{1}{s^2}, \quad G_{cnt}(s) = d_1 + \frac{d_0}{s} \tag{7.23}$$

これは，二重積分要素として記述された不安定な制御対象に対して，PI制御

器を用いて，フィードバック制御システムを構成した例である．本フィードバックシステムを安定化するための条件を検討する．

システムの（閉ループ）伝達関数 $G_c(s)$ を求めると次式となる．

$$G_c(s) = \frac{B_c(s)}{A_c(s)} = \frac{d_1 s + d_0}{s^3 + d_1 s + d_0} \tag{7.24}$$

式(7.24)の伝達関数は3次の特性多項式を有しているが，この2次項の係数は常時ゼロである．したがって，2個の制御器係数 $d_i$ をどのように設計しようとも，本システムを安定化することはできない．

3） 制御対象 $G_p(s)$，制御器 $G_{cnt}(s)$ として次のものを考える．

$$G_p(s) = \frac{1}{s^2}, \quad G_{cnt}(s) = \frac{d_1 s + d_0}{s + c_0}. \tag{7.25}$$

本制御器を用いた場合のフィードバックシステムを安定化するための条件を検討する．

システムの（閉ループ）伝達関数 $G_c(s)$ を求めると，次式となる．

$$G_c(s) = \frac{B_c(s)}{A_c(s)} = \frac{d_1 s + d_0}{s^3 + c_0 s^2 + d_1 s + d_0} \tag{7.26}$$

式(7.26)の伝達関数は3次の特性多項式を有しているので，式(7.11)が適用される．したがって，本フィードバックシステムが安定化するための条件は次式となる．

$$c_0 > 0, \quad d_i > 0, \quad c_0 d_1 - d_0 > 0 \tag{7.27}$$

4） 制御対象 $G_p(s)$，制御器 $G_{cnt}(s)$ として，次のものを考える．

$$G_p(s) = \frac{\alpha_0}{s^2 + \alpha_1 s + \alpha_0}, \quad G_{cnt}(s) = d_1 + \frac{d_0}{s} \tag{7.28}$$

ただし，本制御対象は安定とする．すなわち，制御対象の係数に関しては $\alpha_i > 0$ が成立しているものとする．また，PI制御器係数に関しては，次の条件を付与する．

$$d_i \geqq 0, \quad d_0 + d_1 \neq 0 \tag{7.29}$$

本例は，2次遅れ要素として記述された安定な制御対象に対して，PI制御器を利用してフィードバックループを構成した例である．本フィードバックシス

テムの安定性が維持される条件を検討する。

システムの（閉ループ）伝達関数 $G_c(s)$ を求めると次式となる。

$$G_c(s) = \frac{B_c(s)}{A_c(s)} = \frac{\alpha_0(d_1 s + d_0)}{s^3 + \alpha_1 s^2 + \alpha_0(1 + d_1)s + \alpha_0 d_0} \tag{7.30}$$

まず，式(7.29)の一つの場合として $d_0 > 0$ を考える。本場合には，式(7.30)の伝達関数は3次の特性多項式を有しているので，式(7.11)が適用される。これに制御対象の安定条件 ($\alpha_i > 0$) を考慮すると，安定化条件として次式を得る。

$$0 < \frac{d_0}{1 + d_1} < \alpha_1 \tag{7.31}$$

次に，式(7.29)の一つの場合として $d_0 = 0$, $d_1 > 0$ を考える。本場合には，式(7.30)の伝達関数は，次の2次に縮退する。

$$G_c(s) = \frac{B_c(s)}{A_c(s)} = \frac{\alpha_0 d_1}{s^2 + \alpha_1 s + \alpha_0(1 + d_1)} \tag{7.32}$$

本場合には，与えられた係数の正条件により，フィードバックシステムは無条件に安定である。したがって，式(7.29)の条件下では，フィードバックシステムの総合的な安定化条件は，式(7.31)に $d_0 = 0$ を考慮した次式となる。

$$0 \leqq \frac{d_0}{1 + d_1} < \alpha_1 \tag{7.33}$$

5) 制御対象 $G_p(s)$，制御器 $G_{cnt}(s)$ として次のものを考える。

$$G_p(s) = \frac{s}{s^4 + 7s^3 + 14s^2 + 13s + 20}, \quad G_{cnt}(s) = d_0 \tag{7.34}$$

ただし

$$d_0 > 0 \tag{7.35}$$

本例は，安定な高次制御対象に対してP制御器を利用してフィードバックループを構成した一例である。本フィードバックシステムの安定性が維持される条件を検討する。

システムの（閉ループ）伝達関数 $G_c(s)$ を求めると次式となる。

$$G_c(s) = \frac{B_c(s)}{A_c(s)} = \frac{d_0 s}{s^4 + 7s^3 + 14s^2 + (13 + d_0)s + 20} \tag{7.36}$$

## 7.3 係数処理による安定判別法

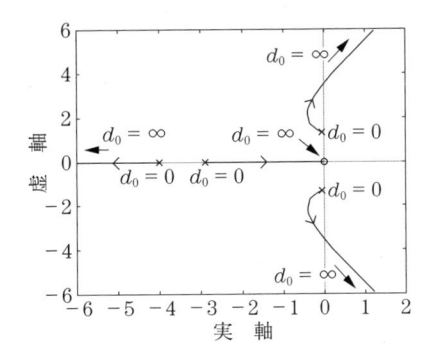

図7.3 根軌跡の一例

式(7.36)の伝達関数は4次の特性多項式を有しているので，本特性多項式には式(7.12)が適用され，安定多項式の条件として次の係数関係式を得る．

$$-d_0^2 + 72d_0 + 125 > 0 \tag{7.37}$$

式(7.35)と式(7.37)より，本フィードバックシステムの安定化条件として次式を得る．

$$0 < d_0 \leq 73.6 \tag{7.38}$$

図7.3に，比例制御器係数 $d_0 = 0 \sim \infty$ に対する閉ループ伝達関数 $G_c(s)$ の4個の極（特性根）の軌跡を示した．×印が $d_0 = 0$ に対する極を示している．この場合の極は，式(7.34)と式(7.36)との比較より明らかなように，制御対象 $G_p(s)$ の4個の極（$-4.00$，$-2.90$，$-0.0479 \pm j1.311$）でもある．比例制御器係数 $d_0$ の増大に応じ，閉ループの2個の共役複素極が複素平面（$s$ 平面）の右側すなわち不安定領域（正の実数領域）へ移動する様子が確認される．すべての極が複素平面の左側に存在するための比例制御器係数 $d_0$ の条件が式(7.38)である．

**【根軌跡】**

開ループ伝達関数 $G_o(s)$ が次式で表現されるものとする．

$$G_o(s) = d_0 \frac{B'_o(s)}{A_o(s)} = d_0 \frac{s^m + \beta_{m-1}s^{m-1} + \cdots + \beta_0}{s^n + \alpha_{n-1}s^{n-1} + \cdots + \alpha_0} \quad ; n > m \quad (7.39)$$

したがって，対応の閉ループ伝達関数 $G_c(s)$ の特性多項式 $A_c(s)$ は次式となる（式(7.19c)参照）。

$$\begin{aligned}A_c(s) &= A_o(s) + d_0 B'_o(s) \\ &= (s^n + \alpha_{n-1}s^{n-1} + \cdots + \alpha_0) + d_0(s^m + \beta_{m-1}s^{m-1} + \cdots + \beta_0)\end{aligned} \quad (7.40)$$

上の特性多項式の根を，係数 $\alpha_i$, $\beta_i$ を一定として $d_0 = 0 \sim \infty$ の変化に対し，複素平面上に描く。こうして得られた特性多項式 $A_c(s)$ の根の軌跡は，根軌跡（root locus）と呼ばれる。図7.3は，式(7.34)のシステムに関する根軌跡である。なお，根軌跡は，複数の係数をもつ制御器で構成される制御システムにおいて，特定の一つの制御器係数を変化させて描く場合もある。

◇

### 7.3.2 ラウスの安定判別法

〔1〕 判 別 法　ラウスの安定判別法は，フルビッツの安定判別法と同様に，式(7.4)で記述されるシステム $G(s)$ の安定判別を特性多項式 $A(s)$ の係数 $a_i$ のみで行うものであり，以下のように整理される。

【ラウスの安定判別法】

式(7.4b)の形式の特性多項式 $A(s)$ が安定多項式となるための必要十分条件は，次の2条件が満たされることである。

① $n$ 次特性多項式 $A(s)$ のすべての係数 $a_i$ が正である。すなわち

$$a_i > 0 \quad (7.41)$$

② 下に示した $(n+1)$ 行のラウス表（Routh table）$(a_n = 1)$ を，係数 $a_i$ を用いた式(7.42)に従い作成する。

## 7.3 係数処理による安定判別法

$$
\begin{array}{c|cccccc}
s^n & a_n & a_{n-2} & a_{n-4} & a_{n-6} & a_{n-8} & \cdots \\
s^{n-1} & a_{n-1} & a_{n-3} & a_{n-5} & a_{n-7} & a_{n-9} & \cdots \\
s^{n-2} & b_{n-2} & b_{n-4} & b_{n-6} & b_{n-8} & \cdots & \\
s^{n-3} & c_{n-3} & c_{n-5} & c_{n-7} & c_{n-9} & \cdots & \\
\vdots & \vdots & \vdots & & & & \\
s^1 & p_1 & & & & & \\
s^0 & q_0(=a_0) & & & & &
\end{array}
$$

$$
\left.
\begin{aligned}
b_{n-i} &= \frac{-1}{a_{n-1}} \det \begin{bmatrix} a_n & a_{n-i} \\ a_{n-1} & a_{n-1-i} \end{bmatrix}; a_n = 1, i = 2, 4, 6, \cdots \\
c_{n-i} &= \frac{-1}{b_{n-2}} \det \begin{bmatrix} a_{n-1} & a_{n-i} \\ b_{n-2} & b_{n-1-i} \end{bmatrix}; i = 3, 5, 7, \cdots \\
d_{n-i} &= \frac{-1}{c_{n-3}} \det \begin{bmatrix} b_{n-2} & b_{n-i} \\ c_{n-3} & c_{n-1-i} \end{bmatrix}; i = 4, 6, 8, \cdots \\
&\quad\vdots
\end{aligned}
\right\}
\quad (7.42)
$$

このとき，同表左端列の $(n+1)$ 個の係数 $a_n, a_{n-1}, b_{n-2}, c_{n-3}, \cdots, p_1, q_0$ がすべて正である。

◇

ラウス表左端列の $(n+1)$ 個の係数符号が，$m$ 回反転する場合には，特性多項式 $A(s)$ は $m$ 個の不安定根をもつ。なお，ラウス表は，ゼロ次項係数は常時 $a_0$ となる特性を有する。また，特性多項式 $A(s)$ が安定多項式となる場合には，ラウス表左端列を含むラウス表のすべての係数が正となる。本特性は，作成したラウス表の検証に使用できる。

〔2〕 **使 用 例**　ラウス表の作成例を以下に示す。

1) 次の正係数をもつ4次特性多項式 $A(s)$ を考える。

$$A(s) = s^4 + 4s^3 + 6s^2 + 7s + 2 \tag{7.43}$$

本多項式のラウス表は，以下のように作成される。

| | | | |
|---|---|---|---|
| $s^4$ | 1 | 6 | 2 |
| $s^3$ | 4 | 7 | |
| $s^2$ | 17/4 | 2 | |
| $s^1$ | 87/17 | | |
| $s^0$ | 2 | | |

本多項式は,ラウス安定判別の2条件を満足するので安定多項式である。なお,本多項式の根 $s_i$ は $s_i = -2.618, -0.382, -0.5 \pm j1.3229$ である。

2) 次の正係数をもつ4次特性多項式 $A(s)$ を考える。

$$A(s) = s^4 + 2s^3 + s^2 + 4s + 4 \tag{7.44}$$

本多項式のラウス表は,以下のように作成される。

| | | | |
|---|---|---|---|
| $s^4$ | 1 | 1 | 4 |
| $s^3$ | 2 | 4 | |
| $s^2$ | $-1$ | 4 | |
| $s^1$ | 12 | | |
| $s^0$ | 4 | | |

ラウス表の最左端列に負係数が出現しており,本多項式は不安定多項式である。最左端列の $s^2$ 行係数 $b_2 = -1$ の前後で,$2 \to -1$,$-1 \to 12$ と符号反転を2度起こしており,本多項式は2個の不安定根をもつ。事実,本多項式の根 $s_i$ は $s_i = -2, -1, 0.5 \pm j1.3229$ であり,不安定な共役根が存在する。

3) 次の正係数をもつ4次特性多項式 $A(s)$ を考える。

$$A(s) = s^4 + 3s^3 + 2s^2 + 6s + 10 \tag{7.45}$$

本多項式のラウス表は,以下となる。

| | | | |
|---|---|---|---|
| $s^4$ | 1 | 2 | 10 |
| $s^3$ | 3 | 6 | |
| $s^2$ | 0 | 10 | |
| $s^1$ | × | | |
| $s^0$ | × | | |

すなわち,最左端列の $s^2$ 行係数 $b_2$ が $b_2 = 0$ となり,低次数 $s^1$,$s^0$ 行における係数を算定できない。このような場合には,$b_2 = 0$ に代わって微小正数

$b_2 = \varepsilon > 0$ を用い，低次数 $s^1$, $s^0$ 行における係数を算定し，次のようにラウス表を完成させる。

$$\begin{array}{c|ccc} s^4 & 1 & 2 & 10 \\ s^3 & 3 & 6 & \\ s^2 & \varepsilon & 10 & \\ s^1 & 6 - 30/\varepsilon & & \\ s^0 & 10 & & \end{array}$$

微小正数 $\varepsilon > 0$ を $\varepsilon \to +0$ とするとき，係数 $c_1$ に関し次の関係が成立する。

$$\lim_{\varepsilon \to +0} c_1 = \lim_{\varepsilon \to +0} \left(6 - \frac{30}{\varepsilon}\right) < 0 \tag{7.46}$$

すなわち，係数 $c_1$ は負となるので，本多項式は不安定多項式である。最左端列は，係数 $c_1$ の前後で符号反転を2度起こしているので，本多項式は2個の不安定根をもつ。なお，本多項式の根 $s_i$ は $s_i = -2.5291, -1.5662, 0.5477 \pm j1.4915$ であり，不安定な共役根が存在する。

4) 次の正係数をもつ4次特性多項式 $A(s)$ を考える。

$$A(s) = s^4 + 3s^3 + 6s^2 + 12s + 8 \tag{7.47}$$

本多項式のラウス表は，以下となる。

$$\begin{array}{c|ccc} s^4 & 1 & 6 & 8 \\ s^3 & 3 & 12 & \\ s^2 & 2 & 8 & \\ s^1 & \varepsilon & & \\ s^0 & 8 & & \end{array}$$

上のラウス表では，$s^1$ 行の係数が $c_1 = 0$ となるところを，$c_1 = 0$ に代わって微小正数 $c_1 = \varepsilon > 0$ を用い，低次数 $s^0$ の行における係数を算定している。微小正数 $\varepsilon > 0$ を $\varepsilon \to +0$ とするとき，係数 $c_1 \to +0$ である。したがって，本多項式は一応安定である。本多項式の根 $s_i$ は $s_i = -2, -1, \pm j2$ である。すなわち，本多項式は，実数部がゼロの二つの共役根を有しており，安定限界にある。

5) 次の正係数をもつ5次特性多項式 $A(s)$ を考える。
$$A(s) = s^5 + 2s^4 + s^3 + 2s^2 + 3s + 6 \tag{7.48}$$
本多項式のラウス表は，以下となる。

| | | | |
|---|---|---|---|
| $s^5$ | 1 | 1 | 3 |
| $s^4$ | 2 | 2 | 6 |
| $s^3$ | $\varepsilon$ | 0 | |
| $s^2$ | 2 | 6 | |
| $s^1$ | $-3\varepsilon$ | | |
| $s^0$ | 6 | | |

上のラウス表では，$s^3$ 行の係数が $b_3 = 0$ となるところを，$b_3 = 0$ に代わって微小正数 $b_3 = \varepsilon > 0$ を用い，低次数 $s^2$, $s^1$, $s^0$ の行における係数を算定している。微小正数 $\varepsilon > 0$ に対して，本ラウス表の最左端列は係数 $d_1$ の前後で2回符号反転を起こしている。したがって，本多項式は不安定多項式である。本多項式の根 $s_i$ は $s_i = -2, -0.7849 \pm j1.0564, 0.7849 \pm j1.0564$ である。すなわち，本多項式は，二つの安定共役根と二つの不安定共役根を有し，しかもこれら4根の実数部の絶対値，虚数部の絶対値はそれぞれ同一という特殊な多項式となっている。

以下を課題として残しておくので，読者は解答を試みよ。

**課題7.1**　低次多項式の安定性に関し，以下を答えよ。
（1）**3次多項式**　ラウスの安定判別法を用いて，式(7.11a)の3次多項式に関し，式(7.11b)の安定条件を導出せよ。
（2）**4次多項式**　ラウスの安定判別法を用いて，式(7.12a)の4次多項式に関し，式(7.12b)の安定条件を導出せよ。

### 7.3.3　係数処理安定判別法の補足
〔1〕**フルビッツ安定判別法とラウス安定判別法の関係**　式(7.4b)に定義された $n$ 次特性多項式 $A(s)$ に関し，式(7.9)に定義した $n \times n$ フルビッツ行

列 $H_n$ と，式(7.42)で算定された係数をもつ同式直上のラウス表とを考える。$n \times n$ フルビッツ行列 $H_n$ から取り出した主座小行列式とラウス表最左端の係数とは次の関係が成立する。

$$\left.\begin{aligned}\det H_1 &= a_{n-1} \\ \det H_2 &= a_{n-1}b_{n-2} \\ \det H_3 &= a_{n-1}b_{n-2}c_{n-3} \\ &\vdots \\ \det H_n &= a_{n-1}b_{n-2}c_{n-3}\cdots p_1 q_0\end{aligned}\right\} \tag{7.49}$$

式(7.49)から理解されるように，フルビッツ行列のすべての主座小行列式が正であることと，ラウス表最左端列のすべての係数が正であることとは等価である。

〔2〕 **連分数による安定判別法** フルビッツの安定判別法，ラウスの安定判別法と同様に，多項式の係数処理を通じ，多項式の安定判別を行う方法として，連分数安定判別法 (continued fraction stability criterion) がある。これは，以下のように整理される。

【連分数安定判別法】

式(7.4b)の形式の特性多項式 $A(s)$ が安定多項式となるための必要十分条件は，次の2条件が満たされることである。

① $n$ 次特性多項式 $A(s)$ のすべての係数 $a_i$ が正である。すなわち
$$a_i > 0 \tag{7.50}$$

② まず，$n$ 次特性多項式 $A(s)$ の係数 $a_i$ ($a_n = 1$) を交互に用いて，$n$ 次多項式 $A_n(s)$ と $(n-1)$ 次多項式 $A_{n-1}(s)$ を以下のように構成する。

$$\left.\begin{aligned}A_n(s) &= a_n s^n + a_{n-2} s^{n-2} + \cdots \\ A_{n-1}(s) &= a_{n-1} s^{n-1} + a_{n-3} s^{n-3} + \cdots\end{aligned}\right\} \tag{7.51a}$$

次に，両多項式の比をとり，これを連分数の形で表現する。

$$\frac{A_n(s)}{A_{n-1}(s)} = f_n s + \cfrac{1}{f_{n-1}s + \cfrac{1}{f_{n-2}s + \cfrac{1}{f_{n-3}s + \cfrac{1}{\ddots \cfrac{}{\cfrac{1}{f_1 s}}}}}} \quad (7.51\text{b})$$

このとき，連分数の $n$ 個の係数 $f_i$ がすべて正である。

◇

連分数安定判別法の一例を示す．式(7.43)の正係数をもつ4次特性多項式 $A(s)$ を考える．この係数を交互に使用して，次のように4次多項式 $A_4(s)$，3次多項式 $A_3(s)$ を構成する．

$$\left. \begin{array}{l} A_4(s) = s^4 + 6s^2 + 2 \\ A_3(s) = 4s^3 + 7s \end{array} \right\} \quad (7.52\text{a})$$

上の両多項式の比は，以下のように連分数表現される．

$$\frac{A_4(s)}{A_3(s)} = \frac{1}{4} s + \cfrac{1}{\cfrac{16}{17}s + \cfrac{1}{\cfrac{289}{348}s + \cfrac{1}{\cfrac{87}{34}s}}} \quad (7.52\text{b})$$

連分数の4個の係数はすべて正であるので，式(7.43)の多項式は安定である．

## 7.4 ナイキストの安定判別法

### 7.4.1 背景と原理

〔1〕背 景　図7.4に示す2種のフィードバックシステム(a)，(b)を考える．各フィードバックシステムの閉ループ伝達関数は，それぞれ次式となる．

$$G_c(s) = \frac{G_1(s)G_2(s)}{1 + G_o(s)}, \quad G_c(s) = \frac{G_1(s)}{1 + G_o(s)} \quad (7.53\text{a})$$

ここに，$G_o(s)$ は，両図の点 a から点 b に至る開ループ伝達関数である．すな

## 7.4 ナイキストの安定判別法

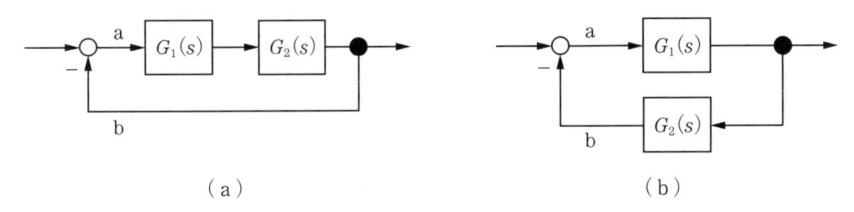

(a)

(b)

図7.4 同一開ループ伝達関数をもつフィードバックシステム

わち

$$G_o(s) = G_1(s)G_2(s) \tag{7.53b}$$

すでに検討してきたように，フィードバックシステムの安定性は閉ループ伝達関数の極によって支配される．式(7.53)から理解されるように，図7.4の2種のフィードバックシステムの閉ループ伝達関数は異なるが，両者は同一の分母を有し，同一の極をもつ．ひいては両システムの安定性は同一となる．本同一性は，両システムが同一の開ループ伝達関数を有している点に起因している．

開ループ伝達関数の特性把握を通じて，対応の閉ループ伝達関数の安定性を知ることができる．開ループ伝達関数の周波数特性（ベクトル軌跡）から，閉ループ伝達関数の安定性を判別する方法がナイキストの安定判別法（Nyquist stability criterion）である．

〔2〕**原　理**　ナイキストの安定判別法の原理を説明する．簡単のため，開ループ伝達関数 $G_o(s)$ が次式のように表現されたとする．

$$G_o(s) = \frac{g_o \prod_{i=1}^{m}(s-z_i)}{\prod_{i=1}^{n}(s-p_i)} \quad ; n > m, \quad g_o = \text{const} \tag{7.54}$$

したがって，閉ループ伝達関数の安定性を支配する $(1+G_o(s))$ は，次式となる．

$$1+G_o(s) = \frac{\prod_{i=1}^{n}(s-p_i) + g_o\prod_{i=1}^{m}(s-z_i)}{\prod_{i=1}^{n}(s-p_i)} = \frac{\prod_{i=1}^{n}(s-s_i)}{\prod_{i=1}^{n}(s-p_i)}$$

## 7. システムの安定性

$$= \frac{\prod_{i=1}^{n}|s-s_i|}{\prod_{i=1}^{n}|s-p_i|}\exp\left(j\left(\sum_{i=1}^{n}\phi_i - \sum_{i=1}^{n}\psi_i\right)\right) \tag{7.55a}$$

ただし

$$s - s_i = |s-s_i|\exp(j\phi_i), \quad s - p_i = |s-p_i|\exp(j\psi_i) \tag{7.55b}$$

式(7.55)における $\phi_i$ は，複素数 $(s-s_i)$ の位相である．詳しくは，複素平面上の1点 $s_i$ からある複素数 $s=\sigma+j\omega$ を見たときの位相である．図7.5にこの様子を示した．$\psi_i$ の定義も同様である．

図7.5において，複素数 $s=\sigma+j\omega$ を，1点 $s_i$ のごく近傍を時計回りに1周させる．この場合，複素数 $(s-s_i)$ の位相 $\phi_i$ は $0\sim-2\pi$ [rad] だけ変化することになる．このとき，他の複素数 $(s-s_j;j\neq i)$，$(s-p_i)$ の位相 $\phi_j$，$\psi_i$ は，複素数 $s=\sigma+j\omega$ の周回が1点 $s_i$ のごく近傍であることを考慮すると，実質的にはゼロである．これは，因子 $(s-s_i)$，$(s-p_i)$ をもつ $(1+G_o(s))$ は，複素数 $s=\sigma+j\omega$ の上記周回を通じ，その位相を $0\sim-2\pi$ [rad] だけ変化させることを意味する．換言するならば，このときの $(1+G_o(s))$ を軌跡として複素平面上で描画するならば，本軌跡は原点を中心に時計回りに1周することを意味する．

さてここで，複素数 $s=\sigma+j\omega$ の周回縁を，図7.6のように，虚軸上を含

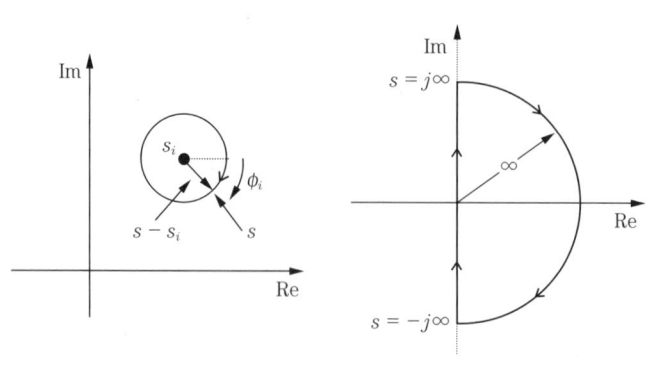

図7.5 複素数 $(s-s_i)$ の位相　　図7.6 複素数 $s=\sigma+j\omega$ の変化のための無限大縁の例

む複素平面の右半平面全体を含むように拡大する。$(1 + G_o(s))$ の分子多項式の根，分母多項式の根の中で複素平面の右半平面に存在する個数をおのおの $N_s$，$N_p$ とすると，複素数 $s = \sigma + j\omega$ の無限大縁の 1 周回により，$(1 + G_o(s))$ の位相は $2\pi(N_p - N_s)$ だけ変化することになる。

$(1 + G_o(s))$ の分子多項式は，閉ループ伝達関数の分母多項式（特性多項式）であり，フィードバックシステムが安定であるためには，$N_s = 0$ でなくてはならない。したがって，安定なフィードバックシステムに関しては，複素数 $s = \sigma + j\omega$ の 1 回の無限大縁周回による $(1 + G_o(s))$ の位相変化は，$2\pi N_p$ となる。換言するならば，このときの $(1 + G_o(s))$ を軌跡として複素平面上で描画するならば，本軌跡は原点を中心に反時計まわりに（すなわち，正方向に）$N_p$ 周回することを意味する。

ところで，開ループ伝達関数 $G_o(s)$ の相対次数 $(n - m)$ は，$n - m \geqq 1$ である。したがって，無限大縁に対応する $s = \sigma + j\omega \to \infty$ においては $G_o(\infty) = 0$ となり，ひいては $(1 + G_o(s))$ の位相変化は発生しない。これらは，「$(1 + G_o(s))$ の位相変化は，$G_o(s)$ が常時ゼロとはならない，複素数 $s$ が虚軸上を移動する間（すなわち，$s = j\omega; \omega = -\infty \to +\infty$ の間）に発生した」ことを意味する。

### 7.4.2　ナイキストの安定判別法

〔1〕**基本的方法**　7.4.1〔2〕項に示した原理より，次に示すナイキストの安定判別法が得られる。

【ナイキストの安定判別法】
① 開ループ伝達関数 $G_o(s)$ の極の中で，複素平面の右半平面に存在する数を $N_p$ とする。このときの右半平面は，虚軸は含まないものとする。すなわち，正の実数部をもつ極の数を $N_p$ とする。
② 開ループ伝達関数 $G_o(s)$ の周波数応答 $G_o(j\omega)$ を，$\omega = -\infty \to +\infty$ に対するベクトル軌跡として複素平面上に描画する。
③ このときのベクトル軌跡が，$-1 + j0$ の回りを反時計方向（すなわち

正方向）に $N_p$ 回周回すれば，対応する閉ループ伝達関数 $G_c(s)$ は安定である。これ以外は不安定である。

◇

判別法の①では，開ループ伝達関数の虚軸上の極は，複素平面の右半平面に含ませないものとした。②において，周波数応答 $G_o(j\omega)$ のベクトル軌跡を描画する場合には，①と整合した軌跡を描く必要がある。具体的な整合策を以下に一例を用いて示す。

図 7.7 を考える。同図の例では，開ループ伝達関数 $G_o(s)$ が×印で明示した虚軸上に三つの極をもつものとしている。判別法①と整合させるには，複素数 $s = \sigma + j\omega$ が周回する無限大縁は，虚軸上の本極を含んではならない。同図では，複素数 $s = \sigma + j\omega$ は，虚軸上の極の周辺では，無限小の半径をもつ右半円を通過させるようにしている。これにより，①との整合性を維持している。複素数 $s = \sigma + j\omega$ の虚軸上の変化は，基本的には $s = j\omega ; \omega = -\infty \to +\infty$ であるが，虚軸上に存在する極の近傍では，上記のような処置が必要である。

続いて，判別法における③について補足する。判別法に必要なベクトル軌跡は，$G_o(j\omega)$ ではなく，$1 + G_o(j\omega)$ である。原点 $0 + j0$ を基準に描かれた $G_o(j\omega)$ のベクトル軌跡は，$-1 + j0$ を新たな原点として見直すならば，$1 + G_o(j\omega)$ のベクトル軌跡として扱うことができる。判別法の③は，本性質を利用している。

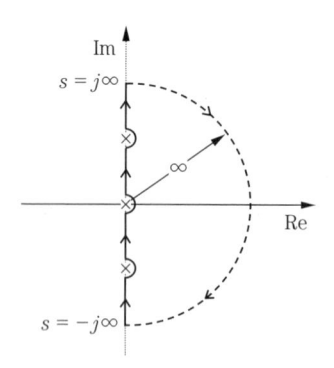

図 7.7 複素数 $s = \sigma + j\omega$ の変化のための無限大縁の例

なお，ナイキストの安定判別法に利用される開ループ伝達関数 $G_o(s)$ のベクトル軌跡は，特に，ナイキスト線図（Nyquist diagram）と呼ばれる。

〔2〕**例　題**　ナイキストの安定判別法の理解促進を目的に，基本的な数例を以下に示す。

**1）不安定な1次開ループ伝達関数**　1個の不安定極 $s_1 = 1$ をもつ次の1次開ループ伝達関数 $G_o(s)$ を考える。

$$G_o(s) = \frac{B_o(s)}{A_o(s)} = \frac{d_0}{s-1} \tag{7.56a}$$

これに対応する閉ループ伝達関数 $G_c(s)$ の特性多項式（分母多項式）は，式(7.19c)に示したように次式となる。

$$A_c(s) = A_o(s) + B_o(s) = s + (d_0 - 1) \tag{7.56b}$$

したがって，閉ループ伝達関数が安定化するための係数条件は，次式で与えられる。

$$d_0 > 1 \tag{7.56c}$$

以上の準備のもとで，第1例として，式(7.56a)において $d_0 = 0.5$ とする場合を考える。本場合のベクトル軌跡を図7.8に示した。同図では，$\omega = -\infty \to 0^-$ の軌跡を破線で，$\omega = 0^+ \to +\infty$ の軌跡を実線で示している。また，$-1 + j0$ を基点とし軌跡上の1点を先点としたベクトルを太めの矢印で表現している。本軌跡が実軸（real axis）と交差するときの実数値は，

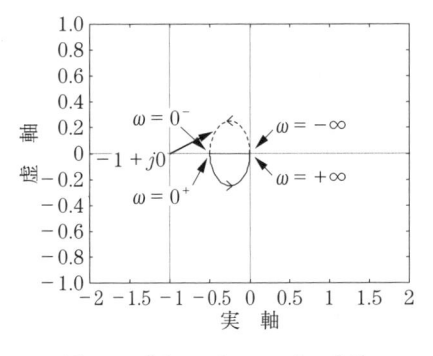

図7.8　式(7.56a)のベクトル軌跡　　　　図7.9　式(7.56a)のベクトル軌跡
　　　　$(d_0 = 0.5)$　　　　　　　　　　　　　　　$(d_0 = 1.5)$

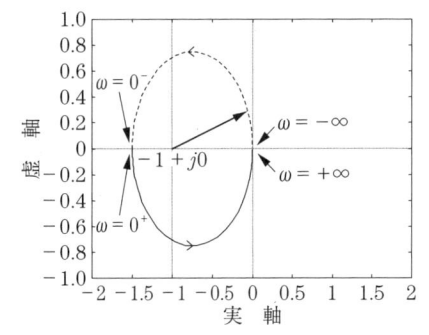

Im $\{G_o(j\omega)\} = 0$ の条件より，以下にように求められる．

$$G_o(j\omega)|_{\omega=0} = -d_0 + j0 \qquad (7.57)$$

周波数 $\omega = -\infty \to +\infty$ の変化に応じて，本ベクトルは多少の位相変化を起こすが，ベクトル先端が $-1+j0$ のまわりを回転することはない．すなわち，ベクトル軌跡の $-1+j0$ まわりの回転数はゼロである．一方，開ループ伝達関数は複素平面の右側に 1 個の極を有している．したがって，ナイキストの安定判別法によれば，本開ループ伝達関数に対応した閉ループ伝達関数は不安定である．本結論は式(7.56c)と整合する．

第 2 例として，式(7.56a)において $d_0 = 1.5$ とする場合を考える．本場合のベクトル軌跡を図 7.9 に示した．軌跡等の意味は図 7.8 と同一である．第 1 例と第 2 例の開ループ伝達関数の違いは係数 $d_0$ にあるにすぎない．したがって，第 2 例のベクトル軌跡は第 1 例のベクトル軌跡と相似形となる．周波数 $\omega = -\infty \to +\infty$ の変化に応じて $-1+j0$ を基点とし，軌跡上の 1 点を先点としたベクトル（太めの矢印で表示）は反時計方向（正方向）へ 1 回転する．

ところで，開ループ伝達関数は，複素平面の右側に 1 個の極を有している．したがって，ナイキストの安定判別法によれば，本開ループ伝達関数に対応した閉ループ伝達関数は安定である．本結論は，式(7.56c)と整合する．

**2) 安定な 4 次開ループ伝達関数** 次の 4 次開ループ伝達関数 $G_o(s)$ を考える（式(7.34)参照）．

$$G_o(s) = \frac{B_o(s)}{A_o(s)} = \frac{d_0 s}{s^4 + 7s^3 + 14s^2 + 13s + 20} \quad ; d_0 > 0 \quad (7.58a)$$

本開ループ伝達関数の極は $(-4.00, -2.90, -0.0479 \pm j1.311)$ であり，すべての極は複素左半平面に存在する．対応の閉ループ伝達関数 $G_c(s)$ の特性多項式（分母多項式）は，式(7.19c)に示したように次式となる（式(7.36)参照）．

$$A_c(s) = A_o(s) + B_o(s) = s^4 + 7s^3 + 14s^2 + (13 + d_0)s + 20 \qquad (7.58b)$$

閉ループ伝達関数が安定化するための係数条件は，式(7.38)に与えられてい

## 7.4 ナイキストの安定判別法

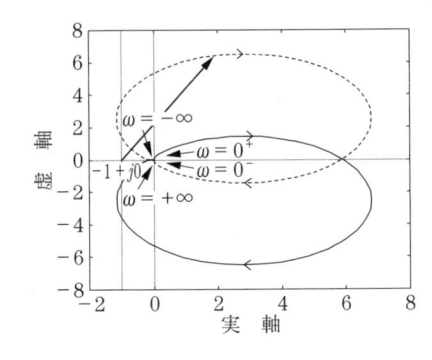

図7.10 式(7.58a)のベクトル軌跡 ($d_0 = 10$)

る。以上の準備のもとで，第1例として，式(7.58a)において $d_0 = 10$ とする場合を考える。本場合のベクトル軌跡を図7.10に示した。軌跡等の意味は，図7.8，7.9と同一である。周波数 $\omega = -\infty \to +\infty$ の変化に応じて，$-1 + j0$ を基点とし，軌跡上の1点を先点としたベクトル（太めの矢印で表示）は，多少の位相変化を起こすが，ベクトル先端が $-1 + j0$ のまわりを回転することはない。

一方，開ループ伝達関数は，複素平面の右側には極を有しない。したがって，ナイキストの安定判別法によれば，本開ループ伝達関数に対応した閉ループ伝達関数は安定である。本結論は，式(7.38)と整合する。

第2例として，式(7.58a)において $d_0 = 100$ とする場合を考える。本場合のベクトル軌跡を図7.11(a)，(b)に示した。軌跡等の意味は図7.8～7.10と同一である。また，同図(b)は同図(a)の $-1 + j0$ 近傍の拡大である。第1例と第2例の開ループ伝達関数の違いは係数 $d_0$ にあるに過ぎない。したがって，第2例のベクトル軌跡は第1例のベクトル軌跡と相似形となる。周波数 $\omega = -\infty \to +\infty$ の変化に応じて，$-1 + j0$ を基点とし軌跡上の1点を先点としたベクトル（太めの矢印で表示）は時計方向（負方向）へ2回転する。

ところで，開ループ伝達関数は，複素平面の右側には極を一切有していない。したがって，ナイキストの安定判別法によれば，本開ループ伝達関数に対応した閉ループ伝達関数は不安定である。本結論は，式(7.38)と整合する。

(a) 全体の軌跡   (b) $-1+j0$ 近傍の拡大軌跡

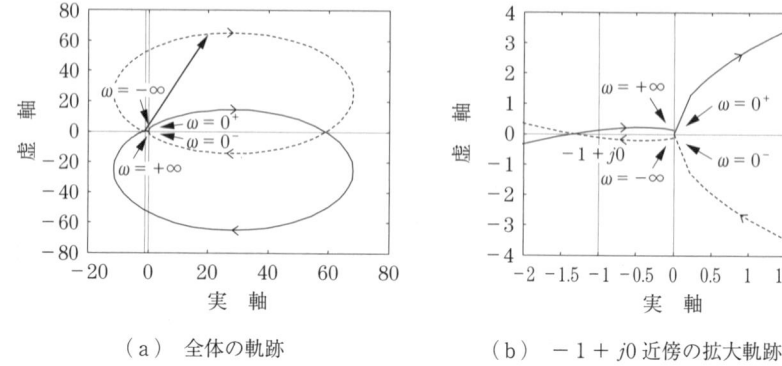

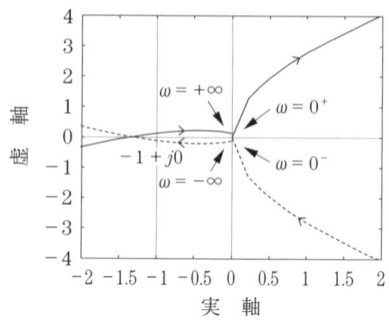

図 7.11　式(7.58a)のベクトル軌跡 $(d_0 = 100)$

〔3〕 **安定限界の 3 次開ループ伝達関数**　次の 3 次開ループ伝達関数 $G_o(s)$ を考える（式(7.28)，(7.29)参照）。

$$G_o(s) = \frac{B_o(s)}{A_o(s)} = \frac{d_0 \alpha_0}{s(s^2 + \alpha_1 s + \alpha_0)} \quad ; d_0 > 0, \quad \alpha_i > 0 \quad (7.59\text{a})$$

本開ループ伝達関数の三つの極に関しては，2 個は複素左半平面に存在し，残り 1 個は虚軸上に存在する。対応の閉ループ伝達関数 $G_c(s)$ の特性多項式（分母多項式）は，式(7.19c)に示したように次式となる（式(7.30)参照）。

$$A_c(s) = A_o(s) + B_o(s) = s^3 + \alpha_1 s^2 + \alpha_0 s + \alpha_0 d_0 \quad (7.59\text{b})$$

本特性多項式が安定多項式となる条件は，式(7.31)より，次のように与えられる。

$$0 < d_0 < \alpha_1 \quad (7.59\text{c})$$

以上の準備のもとで，閉ループ伝達関数 $G_c(s)$ の安定性をナイキストの方法で検討する。式(7.59a)の開ループ伝達関数 $G_o(s)$ のベクトル軌跡を描くための複素数 $s = \sigma + j\omega$ の変化を，図 7.12 に示した。基本的には，複素数 $s = \sigma + j\omega$ は $s = 0 + j\omega$ の虚軸上の値とするが，虚軸上の極（本例では，$s = 0 + j0$）の近傍では，同図のように微小半径 $r$ で迂回させる。

迂回時の開ループ伝達関数のベクトル軌跡は，以下のように近似される。

$$G_o(s)\big|_{s=r\exp(j\phi)} \approx \frac{d_0}{s}\bigg|_{s=r\exp(j\phi)} = \frac{d_0}{r} e^{-j\phi} \quad ; \phi = -\frac{\pi}{2} \sim \frac{\pi}{2} \quad (7.60)$$

式(7.60)は，巨大半径 $d_0/r$ と位相変化（$\pi/2 \to -\pi/2$）とをもつ半円軌跡を意味する。したがって，上記複素数 $s = \sigma + j\omega$ の変化に対する式(7.59a)のベクトル軌跡は，概念的には図7.13のように描画される。同図は概念図であって，軌跡の実際の精密形状は図中のものとは大きく異なっているので注意されたい。

開ループ伝達関数 $G_o(s)$ のベクトル軌跡は，同図に示したように，原点 $0 + j0$ に対しては時計方向（負方向）へ1回転している。閉ループ伝達関数 $G_c(s)$ の安定性には，実軸上の1点 $-1 + j0$ から見たベクトル軌跡が問題となる。このため，ベクトル軌跡の実軸との交点である点 p の値を調べる。

開ループ伝達関数の周波数応答は，次式となる。

$$G_o(j\omega) = \frac{d_0 \alpha_0}{\omega(-\alpha_1 \omega + j(\alpha_0 - \omega^2))} \qquad (7.61)$$

式(7.61)に，実軸との交点条件である式(7.62a)を用いると，このときの周波数として式(7.62b)を得る。

$$\text{Im}\{G_o(j\omega)\} = 0 \qquad (7.62a)$$
$$\omega = \pm\sqrt{\alpha_0} \qquad (7.62b)$$

式(7.62b)を式(7.61)に用いると，点 p の複素数値を以下のように得る。

$$G_o(\pm j\sqrt{\alpha_0}) = \frac{-d_0}{\alpha_1} + j0 \qquad (7.62c)$$

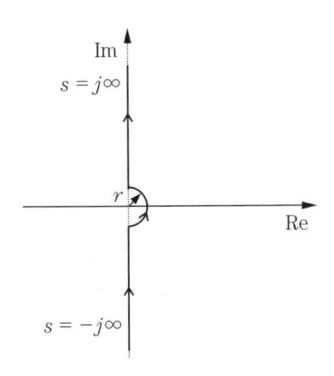

図7.12 複素数 $s = \sigma + j\omega$ の変化経路の一例

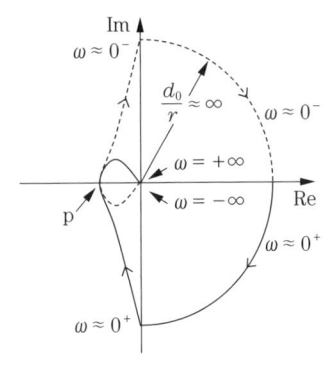

図7.13 式(7.59a)の概念的なベクトル軌跡の一例

ナイキストの安定判別法によれば，複素右半平面に極を有しない開ループ伝達関数 $G_o(s)$ に対応した閉ループ伝達関数 $G_c(s)$ が安定であるためには，$-1+j0$ から見た開ループ伝達関数ベクトル軌跡は，1周以上回転してはならない。このためには，実軸との交点である点 p が $-1+j0$ の右側に存在しなければならない。すなわち，次の条件が必要である。

$$\frac{-d_0}{\alpha_1} > -1 \tag{7.63}$$

式(7.63)の結論は，条件 $d_0 > 0$ を考慮するならば，式(7.59c)と同一である。

### 7.4.3 ナイキストの簡易安定判別法

〔1〕 **基本的方法**　実際の制御システムにおいては，開ループ伝達関数 $G_o(s)$ が複素右半平面に極を有しない場合が少なくない。すなわち，本伝達関数の不安定極の数 $N_p$ が $N_p = 0$ である場合が少なくない。開ループ伝達関数 $G_o(s)$ の相対次数（分母多項式の次数と分子多項式の次数との差）は，式(7.54)に示したように1以上であるので，周波数変化 $\omega \to +\infty$ に対するベクトル軌跡，特に原点 $0+j0$ から見たベクトル軌跡は，時計方向（負方向）へ回転しながら原点へ収斂する。すなわち，$G_o(j\infty) \to 0$ となる。さらには，周波数変化 $\omega = -\infty \to 0^-$ に対するベクトル軌跡は，周波数変化 $\omega = 0^+ \to +\infty$ に対するベクトル軌跡と，実軸に対して対称である。以上の諸点を元来のナイキストの安定判別法に対し考慮すると，次に示すナイキストの簡易安定判別法が得られる。

【ナイキストの簡易安定判別法】

① 開ループ伝達関数 $G_o(s)$ の極は，複素平面の右半平面には存在しない。すなわち，開ループ伝達関数 $G_o(s)$ のすべての極に関し，その実数部は非正である。

② 開ループ伝達関数 $G_o(s)$ の周波数応答 $G_o(j\omega)$ を，$\omega = 0 \to \infty$ に対するベクトル軌跡として複素平面上に描画する。

③ このときのベクトル軌跡が，$-1+j0$ の右側を通過すれば対応の閉ル

ープ伝達関数 $G_c(s)$ は安定，$-1+j0$ の上を通過すれば閉ループ伝達関数は安定限界，$-1+j0$ の左側を通過すれば閉ループ伝達関数は不安定である。

◇

図 7.10 と図 7.11 の例，さらには図 7.13 の例に関しては，ナイキストの簡易安定判別法が適用可能である。簡易安定判別法を利用してこれらの安定判別を行う場合，同一の結果が得られることは明白である。

〔2〕 例題　簡易安定判定法が利用可能な例を追記しておく。次の開ループ伝達関数 $G_o(s)$ をもつシステムを考える。

$$G_o(s) = \frac{d_0 e^{-Ts}}{s+1} \quad ; d_0 > 0 \tag{7.64}$$

本開ループ伝達関数は，むだ時間要素を有しており，ひいては，これに対応した閉ループ伝達関数も，むだ時間要素を有することになる。

フルビッツの安定判別法，ラウスの安定判別法は，閉ループ伝達関数の特性多項式（分母多項式）が文字どおり多項式として表現されることを前提としており，むだ時間要素を有する伝達関数には適用できない。もちろん，むだ時間要素を式(3.37)に示した有理関数（有理多項式）で近似表現するならば，これら安定判別法は近似的には適用可能である。ナイキストの安定判別法は，むだ時間を有するシステムに対しても，近似の要なく適用可能である。以下に，式(7.64)の例を用いて，これを説明する。

開ループ伝達関数 $G_o(s)$ の周波数応答は次式となる。

$$\begin{aligned}
G_o(j\omega) &= \frac{d_0(\cos(T\omega) - j\sin(T\omega))}{j\omega + 1} \\
&= \frac{d_0}{1+\omega^2}((\cos(T\omega) - \omega\sin(T\omega)) - j(\sin(T\omega) + \omega\cos(T\omega))) \\
&= \frac{d_0}{\sqrt{1+\omega^2}}\exp(-j(T\omega + \phi)) \quad ; \phi = \tan^{-1}\omega
\end{aligned} \tag{7.65}$$

$\omega = 0 \to \infty$ に対する上記周波数応答のベクトル軌跡の一例を図 7.14 に示す。同図では，$T=1$ を条件に得たベクトル軌跡を実線で示している。

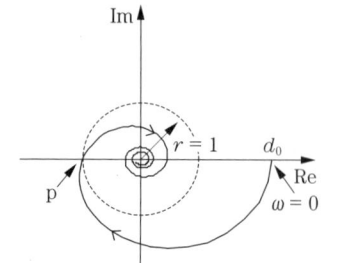

図7.14 式(7.65)のベクトル軌跡の一例

簡易安定判別法の利用においては，ベクトル軌跡の実軸との交差の点すなわち図中の点pの把握が不可欠である．安定性の確保のためには，点pは，$-1+j0$の右側にくる必要がある．図7.14では，参考までに，$-1+j0$を通過する半径$r=1$の単位円を破線で示している．

点pの値を求めるべく，式(7.65)にベクトル軌跡と実軸との交差条件である式(7.66a)を用いると，交差時の周波数として式(7.66b)を得る．

$$\text{Im}\{G_o(j\omega)\} = 0 \tag{7.66a}$$

$$\omega = -\tan(T\omega) \tag{7.66b}$$

式(7.66b)を式(7.65)に用いると，点pの値として次式を得る．

$$G_o(j\omega) = d_0 \cos(T\omega) + j0 \tag{7.66c}$$

ナイキストの簡易安定判定法によると，次式が成立すれば（すなわち点pが単位円内に存在すれば）閉ループ伝達関数は安定である．

$$d_0 \cos(T\omega) > -1 \tag{7.67}$$

式(7.67)における$\omega$は，式(7.66b)を満足するものでなければならない．この点には注意されたい．

具体的な例を検討すべく，例えば$T=1$とする．$T=1$の条件のもとで式(7.66b)を$\omega$に関し求解すると次の値を得る．

$$\omega = 0,\ 2.02876,\ \cdots \tag{7.68}$$

図7.14より明らかなように，$\omega = 0 \to \infty$に応じて，ベクトル軌跡は実軸と無限回交差するが，1回目の交差が$\omega = 0$に対応し，2回目の交差が点pに対応する．すなわち，点p交差時の周波数は$\omega \approx 2.02876$となる．本周波数値

を $T=1$ とともに式(7.67)に用いると，閉ループ伝達関数の安定条件として次式を得る．

$$d_0 < \frac{-1}{\cos T\omega} \approx 2.2618 \tag{7.69}$$

〔3〕**スモールゲイン定理**　ナイキストの簡易安定判別法をさらに簡略化したものとして，スモールゲイン定理（small gain theorem）が知られている．これは，以下のように整理される．

【スモールゲイン定理】

下記2条件が満足される場合には，開ループ伝達関数 $G_o(s)$ に対応した閉ループ伝達関数 $G_c(s)$ は安定である．

① 開ループ伝達関数 $G_o(s)$ のすべての極は，複素平面の左半平面に存在する．すなわち，開ループ伝達関数 $G_o(s)$ のすべての極に関し，その実数部は負である．

② 開ループ伝達関数 $G_o(s)$ の周波数応答 $G_o(j\omega)$ を構成する振幅応答は，すべての周波数 $\omega$ に対して次の条件を満足する．

$$|G_o(j\omega)| < 1 \tag{7.70}$$

◇

スモールゲイン定理の妥当性は，ナイキストの簡易安定判別法との比較より明らかである．本定理は，式(7.70)が示しているように開ループ伝達関数の振幅特性のみに着目して，閉ループ伝達関数の安定性のための十分条件を示しているに過ぎない．このため，本条件に従って開ループ伝達関数の係数（ゲイン）を求める場合には，係数はかなり控えめな値（すなわち，小さめな値）となることが多い．これが本定理の名の由来である．なお，スモールゲイン定理が適用される開ループ伝達関数の極に関しては，虚軸上の存在は許容していない点には注意されたい．

一例として式(7.64)の開ループ伝達関数をもつシステムを考える．この周波数応答は式(7.65)であるので，ただちに次の振幅応答を得る．

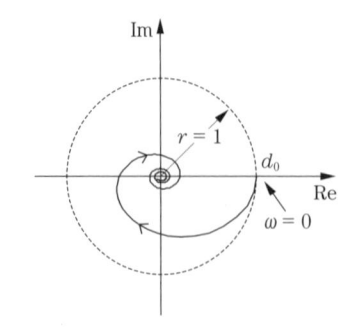

**図 7.15** スモールゲイン定理のためのベクトル軌跡の一例

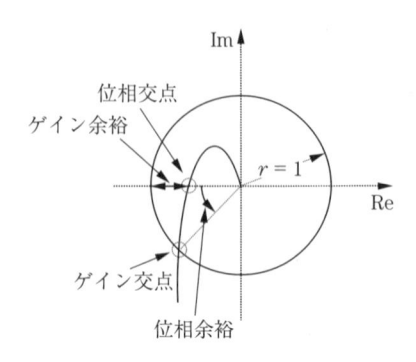

**図 7.16** ナイキスト線図（ベクトル軌跡法）によるゲイン余裕と位相余裕

$$|G_o(j\omega)| = \frac{d_0}{\sqrt{1+\omega^2}} \tag{7.71}$$

式(7.71)を式(7.70)に適用すると，閉ループ伝達関数の安定性のための十分条件として次式を得る．

$$d_0 < 1 \tag{7.72}$$

式(7.72)が示した安定化条件は，式(7.69)が示した安定化条件（$T=1$ の場合）の約 45 ％であり，たいへん控えめな値となっている．

図 7.15 に，本例における式(7.70)の関係を図示した．同図における実線が開ループ伝達関数 $G_o(j\omega)$ のベクトル軌跡を，破線の単位円が式(7.70)の制約条件を示している．

### 7.4.4 ゲイン余裕と位相余裕

再び，ナイキストの簡易安定判別法を検討する．図 7.16 を考える．同図は，開ループ伝達関数 $G_o(s)$ のベクトル軌跡の一例と安定判別のための単位円とを描画したものである．

ベクトル軌跡による単位円との交差はゲイン交差（gain crossover）[†]，ゲイ

---

[†] 英語用語 "crossover" に対応する日本語用語は，元来，「交叉」を利用していた．「叉」が常用漢字外であるため，近年では，これに代わって「交差」を用いている．本書も，後者に従った．

ン交差が起きるときの周波数 $\omega_o$ は，ゲイン交差周波数（gain crossover frequency）と呼ばれる．ゲイン交差が発生する点はゲイン交点，実軸から見たこのゲイン交点の位相は位相余裕（phase margin）[†] と呼ばれる．

これに対して，ベクトル軌跡による実軸との交差は位相交差（phase crossover），位相交差が起きるときの周波数 $\omega_\pi$ は，位相交差周波数（phase crossover frequency）と呼ばれる．位相交差が発生する点は位相交点，位相交差が起きるときの振幅特性の逆数は，ゲイン余裕（gain margin）と呼ばれる．すなわち，ゲイン余裕は次式で定義される．

$$\frac{1}{|G_o(j\omega_\pi)|} \quad \text{または} \quad 20\log\frac{1}{|G_o(j\omega_\pi)|} = -20\log|G_o(j\omega_\pi)|$$

なお，交差と交点を同義で使用することもある．

ナイキストの簡易安定判別法によれば，対応の開ループ伝達関数 $G_c(s)$ が安定化するためには，$\omega = 0 \to \infty$ に対する開ループ伝達関数のベクトル軌跡は，$-1 + j0$ の右側を通過しなければならない．図 7.16 の軌跡はこれを満足しており，開ループ伝達関数は安定である．上に示したゲイン余裕，位相余裕の概念を用いるならば，閉ループ伝達関数の安定の成否のみならず，安定度も概略ながら評価することができる．

不安定な極を有しない開ループ伝達関数に対応した閉ループ伝達関数の安定性に関しては，以下の性質が成り立つ．

【ゲイン余裕と位相余裕の性質】

① 開ループ伝達関数の位相余裕が正であれば，閉ループ伝達関数は安定．ゼロであれば安定限界．負であれば不安定．

② 開ループ伝達関数のデシベル表示のゲイン余裕が正であれば，閉ループ伝達関数は安定．ゼロであれば安定限界．負であれば不安定．

③ 開ループ伝達関数の位相余裕あるいはゲイン余裕が大きくなるにつれ，閉ループ伝達関数の安定度は向上する．

---

[†] 英語用語 "margin" に対応する日本語用語は，元来，「余り有る」の意味で「余有」を利用していた．近年では，これに代わって「余裕」を用いることが多いようである．本書は，後者に従った．

④ 反対に，閉ループ伝達関数の安定度が低下すると，開ループ伝達関数の位相余裕，ゲイン余裕はともに減少し，安定限界ではともにゼロとなる。

◇

伝達関数の周波数応答がベクトル軌跡法とボード線図で描画できることから推測されるように，ゲイン余裕・位相余裕はボード線図を用いて示すことができる。図7.17は，この一例である。ボード線図による場合には，ベクトル軌跡法では明示されないゲイン交差周波数，位相交差周波数が明示されるというメリットを享受できる。

開ループ伝達関数のゲイン交差周波数は，閉ループ伝達関数の帯域幅，立上り時間などと深い関係があり，速応性の指標となる。制御システム設計上の重要な設計仕様は速応性と安定性であり，開ループ伝達関数の周波数応答をボード線図表現すれば，閉ループ伝達関数の速応性と安定性を同時に検討することができる。なお，「ボード線図」に対応する英語用語は，一般には"Bode plot"であるが，安定性検討のための開ループ伝達関数ボード線図の英語用語は，特に"Bode diagram"と呼ばれるようである。

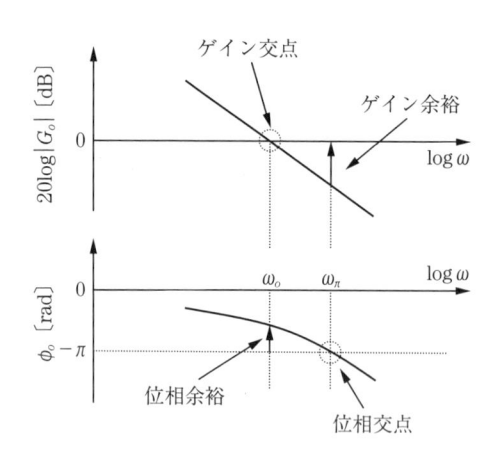

図7.17 ボード線図によるゲイン余裕と位相余裕

# 8

# 制御システムの設計

　制御システムの主要構成要素である制御器を入出力関係にのみ従い設計する場合，このための設計法としては，システムの開ループ伝達関数の設計を通じて行う方法と，閉ループ伝達関数の設計を通じて行う方法とがある．安定性，速応性に代表される期待性能（一般に，仕様と呼ばれる）は，時間領域で示される場合，周波数領域で示される場合，両者を併用する場合などがある．上記伝達関数設計は周波数領域で行うのが一般であり，設計段階では，これら仕様は周波数領域への仕様に変換して考える必要がある（6.5節参照）．周波数領域においては，速応性は，開ループ伝達関数のゲイン交差周波数，閉ループ伝達関数の帯域幅で与える．安定性は，開ループ伝達関数設計では位相余裕，ゲイン余裕などを介して，閉ループ伝達関数設計では同伝達関数の極などを介して与える．本章では，1次遅れシステムとして記述される制御対象に対して，閉ループ伝達関数設計を通じて制御器設計を行う最新の設計法を紹介する．

## 8.1　制御システムの構造と内部モデル原理

### 8.1.1　制御システムの構造

　フィードバック制御システムの制御器設計には，少なくとも，制御器の構造とシステムの期待性能（仕様）とを検討しなければならない．本項では，制御器の構造について説明する．

　図8.1の構造をもつ制御システムを考える．同図では，制御対象 $G_p(s)$，制御器 $G_{cnt}(s)$ をおのおの次式として表現している．

$$G_p(s) = \frac{B(s)}{A(s)}, \quad G_{cnt}(s) = \frac{D(s)}{C(s)} \tag{8.1}$$

ここに，$A(s), B(s), C(s), D(s)$ は $s$ に関する多項式である．本制御システムの

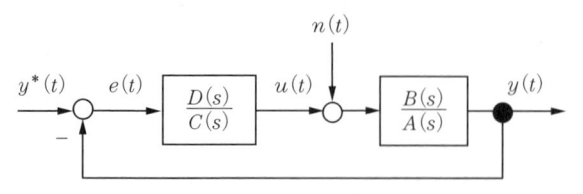

図8.1 追値制御のための基本的な制御システム構造

制御目的は，応答値（制御量）$y(t)$ を指令値（目標値）$y^*(t)$ に追従させること，換言するならば，制御偏差 $e(t) = y^*(t) - y(t)$ を可能な限りすみやかにゼロに漸近させることである．図8.1は本目的（追値制御目的）を遂行するための最も基本的なシステム構造であり，操作量 $u(t)$ を次のように制御器を用い生成するものとしている．

$$u(t) = G_{cnt}(s)(y^*(t) - y(t)) = \frac{D(s)}{C(s)}(y^*(t) - y(t)) \tag{8.2}$$

なお，同図においては，制御対象には外乱（disturbance）$n(t)$ が混入するものとしている．

本システムにおいては，開ループ伝達関数は次式となり

$$G_o(s) = \frac{B(s)}{A(s)} \cdot \frac{D(s)}{C(s)} \tag{8.3a}$$

指令値から応答値に至る閉ループ伝達関数 $G_c(s)$ は次式となる．

$$G_c(s) = \frac{G_o(s)}{1 + G_o(s)} = \frac{B(s)D(s)}{A(s)C(s) + B(s)D(s)} \tag{8.3b}$$

### 8.1.2 内部モデル原理

さてここで，制御偏差 $e(t) = y^*(t) - y(t)$，指令値 $y^*(t)$，外乱 $n(t)$ のラプラス変換をおのおの $E(s), Y^*(s), N(s)$ とすると，制御偏差に関し次式を得る．

$$E(s) = \frac{A(s)C(s)}{H(s)} Y^*(s) - \frac{B(s)C(s)}{H(s)} N(s) \tag{8.4a}$$

ただし

$$H(s) = A(s)C(s) + B(s)D(s) \tag{8.4b}$$

図8.1の制御システムに関し，式(8.4)より，次の内部モデル原理（internal

model principle）を得ることができる。

**【内部モデル原理】**

① $H(s)$ はフルビッツ多項式すなわち安定多項式である。

② $A(s)C(s)$ が $Y^*(s)$ のすべての不安定（安定限界を含む）な極を含み，さらに $B(s)C(s)$ が $N(s)$ のすべての不安定（安定限界を含む）な極を含む。

③ このとき，$E(s)$ の極はすべて安定となり，漸近特性 $e(t) \to 0$ が達成される。

◇

制御対象の多項式 $A(s), B(s)$ が指令値 $Y^*(s)$，外乱 $N(s)$ の不安定極をもつとは限らない。このため，通常は，制御器の分母多項式 $C(s)$ に $Y^*(s), N(s)$ の不安定極をもたせるように，これを設計する。換言するならば，追従すべき指令値あるいは排除すべき外乱によって，制御器の分母多項式 $C(s)$ ひいては制御器の構造は，なかば決定されることになる。

上記を，具体例を用いて詳しく説明する。ステップ状，ランプ状，周波数 $\omega_0$ の正弦状の信号に関するラプラス変換対は，おのおの，以下のようになる。

$$1 \leftrightarrow \frac{1}{s}, \quad t \leftrightarrow \frac{1}{s^2}, \quad \cos(\omega_0 t) \leftrightarrow \frac{s}{s^2 + \omega_0^2}, \quad \sin(\omega_0 t) \leftrightarrow \frac{\omega_0}{s^2 + \omega_0^2}$$

これらラプラス変換は，おのおの，不安定な極をもつ因子 $s, s^2, (s^2 + \omega_0^2)$ を有する。したがって，ステップ状，ランプ状，周波数 $\omega_0$ の正弦状の指令値への追従，あるいは外乱の排除には，基本的に，制御器分母多項式 $C(s)$ に対応の不安定因子 $s, s^2, (s^2 + \omega_0^2)$ をもたせる。この場合，式(8.4a)より理解されるように，指令値あるいは外乱の不安定因子は，制御器分母多項式 $C(s)$ にもたせた同一の不安定因子より，相殺されることになる。多項式 $H(s)$ は安定多項式であるので，本相殺により式(8.4a)からは不安定極をもつ因子が消滅する。この結果，漸近特性 $e(t) \to 0$ が達成される。

内部モデル原理の活用には，多項式 $H(s)$ を安定多項式とすること，すなわちシステムの安定性確保が必須の要件である。しかし，一般に，制御器分母多

項式 $C(s)$ が高次になるにつれ,多項式 $H(s)$ の安定化は困難になる。次に,多項式 $H(s)$ の安定化を通じ,システムの安定性を確保する制御器 $G_{cnt}(s) = D(s)/C(s)$ の設計法を説明する。

## 8.2 1次遅れ制御対象に対する高次制御器設計法

フィードバック制御システムの構造,制御器の構造を決定したならば,次に必要となるのが速応性,安定性を考慮した具体的な制御器の設計である。本節では内部モデル原理の利用が可能な高次制御器の設計法を説明する。本設計法は,新中(筆者)により提案されたものであるが,制御対象は1次伝達関数として近似表現されるものとしている。この種の制御対象は,慣性モーメントと粘性摩擦で動特性を代表する機械系の速度制御,RL 回路で動特性を代表するモータ,送配電系統,電源などに関連した電流制御にしばしば見受けられる。

### 8.2.1 高次制御器の設計原理

操作量 $u(t)$,応答値(制御量)$y(t)$ をもつ1次制御対象 $G_p(s)$ は,一般性を失うことなく,次式で表現することができる。

$$y(t) = G_p(s)u(t) = \frac{b}{s+a} u(t) \quad ; b \neq 0 \tag{8.5}$$

なお,上式では,説明の簡易性を確保すべく,制御対象には外乱 $n(t)$ は混入しないものとしている。

本1次制御対象に対し,図 8.1 のような制御器 $G_{cnt}(s) = D(s)/C(s)$ を用いたフィードバック制御システムを構成する。ただし,このときの制御器は,分母,分子多項式が同次数の $n$ 次有理関数(有理多項式)で表現されるものとする。また,制御器の次数 $n$ は,制御対象の次数より高い次数をとり得るものとする。すなわち

$$u(t) = G_{cnt}(s)(y^*(t) - y(t)) = \frac{D(s)}{C(s)}(y^*(t) - y(t)) \tag{8.6a}$$

$$C(s) = s^n + c_{n-1}s^{n-1} + \cdots + c_0 \quad ; n \geqq 0 \tag{8.6b}$$

$$D(s) = d_n s^n + d_{n-1}s^{n-1} + \cdots + d_0 \quad ; n \geqq 0 \tag{8.6c}$$

このとき,次の定理 8.1 が成立する.

《定理 8.1》

1) 図 8.1 のフィードバック制御システムに関し,所要の安定な根(零点)をもつ $(n+1)$ 次フルビッツ多項式 $H(s)$ を次の式 (8.7) とする.

$$H(s) = s^{n+1} + h_n s^n + \cdots + h_0 \tag{8.7}$$

式 (8.6) の制御器を,次式を満足するように設計するとき

$$ac_i + c_{i-1} + bd_i = h_i \quad ; c_n = 1, \quad c_{-1} = 0 \tag{8.8}$$

同制御システムは,式 (8.7) の $H(s)$ で規定された安定性をもつ.

2) 同制御システムの帯域幅 $\omega_c$ 〔rad/s〕はおおむね次式となる.

$$\omega_c \approx h_n \tag{8.9}$$

〈証明〉

1) 図 8.1 の閉ループ伝達関数は,制御対象が式 (8.5) で表現されるとき,次式となる.

$$G_c(s) = \frac{bD(s)}{(s+a)C(s) + bD(s)} \tag{8.10}$$

$G_c(s)$ の分母多項式を $H(s)$ と等置すると

$$(s+a)C(s) + bD(s) = H(s) \tag{8.11}$$

式 (8.11) は,式 (8.8) を意味する.また,式 (8.8) は,$(n+1)$ 個の拘束条件に対して $(2n+1)$ 個の未定制御器係数をもつ方程式を意味しており,可解である.

2) 式 (8.11) の条件のもとでは,閉ループ伝達関数は,$\omega_c$ 以遠の周波数領域では次のように近似される.

$$G_c(s) = \frac{H(s) - (s+a)C(s)}{H(s)} \approx \frac{h_n - a - c_{n-1}}{s + h_n} \approx \frac{h_n}{s + h_n} \tag{8.12}$$

上式は,式 (6.95),(6.96) の考慮より,式 (8.9) を意味する.

$\diamondsuit$

高次制御器の設計原理を与える定理 8.1 は,上記証明より明白なように,制

御器の次数 $n$ はゼロ次から適用可能である．また，制御対象が $a = 0$ を含む不安定の場合にも適用可能である．

制御対象の相対次数は式(8.5)が示しているように1次であり，制御器の相対次数は式(8.6)が示しているようにゼロ次である．この結果，制御システム全体としての相対次数は式(8.10)が示しているように1次となる．ひいては，式(6.90)の関係を近似的に達成する設計が可能となる．

### 8.2.2 高次制御器の設計法

定理8.1の証明で述べたように，式(8.8)は，$(n+1)$ 個の拘束条件に対して $(2n+1)$ 個の未定制御器係数をもつ方程式を意味している．換言するならば，$n$ 自由度を有している．したがって，本自由度を内部モデル原理に基づく制御器の構造に与え，残り $(n+1)$ 個の係数を用いて制御器を設計するようにすれば，内部モデル原理に基づきながらも最小次数の制御器の設計が可能となる．これに加え，システムの速応性と安定性とを独立的に指定することができるようになる．この設計法は以下の4ステップ①〜④として整理される．

【高次制御器の設計法】

① **制御器構造の決定**　　内部モデル原理等に従い，制御器の $n$ 次分母多項式 $C(s)$ を決定する．

② **速応性の指定**　　閉ループ伝達関数の帯域幅 $\omega_c$ を指定する．

③ **安定性の指定**　　所要の安定性をもつ $(n+1)$ 次フルビッツ多項式 $H(s)$ を設計する．この際，多項式の第 $n$ 次係数は，帯域幅と等しく選定する．すなわち

$$h_n = \omega_c \tag{8.13}$$

④ **制御器係数の決定**　　次式に従い，制御器の $n$ 次分子多項式 $D(s)$ を決定する．

$$d_i = \frac{1}{b}(h_i - ac_i - c_{i-1}) \quad ; c_n = 1, c_{-1} = 0 \tag{8.14}$$

◇

## 8.2 1次遅れ制御対象に対する高次制御器設計法

上記設計法は，以下の特徴を有することが明らかである．

① 高次制御器は有理多項式形の伝達関数をもち，分子多項式は分母多項式とつねに同次である．したがって，内部モデル原理に基づきながらも，制御器の全体の次数は向上することなく，最小次数制御器が設計される．

② 制御対象が1次遅れシステムとして記述されるのであれば，制御対象の安定，不安定のいかんにかかわらず，フィードバック制御システムをつねに安定化できる．

③ フィードバック制御システムの主要な期待性能である速応性，安定性を個別かつ自在に付与することができる．

④ 制御対象が1次遅れシステムとして記述される場合には，式 (6.92)，(6.98) の関係を近似的に達成する．

⑤ 設計法は解析的であり，制御器係数は容易に決定される．

上の高次制御器設計法は，制御システムの速応性と安定性が独立して指定できるとしている．本独立指定性は，制御対象が式 (8.5) の1次伝達関数で近似的に記述できることを前提とするものであり，本前提が成立しない場合には独立指定性も成立しないので，注意されたい．

システム設計に利用する制御対象の伝達関数は，程度の違いこそあれ近似の産物である．一般に，制御システムの速応性向上はこの帯域幅の拡張を意味する．帯域幅を広げ過ぎると，近似表現された制御対象の高次モードを刺激することになり，制御対象は，もはや1次伝達関数では近似表現できなくなる．

このため，帯域幅が許容限界に近い場合には，帯域幅と安定性とは独立には指定できず，総合的に検討することになる．実際のシステム設計では，設計と応答確認との繰返しにより，速応性と安定性を中核とする合理的な期待性能を達成する．

制御器構造を決定づける制御器分母多項式 $C(s)$ の代表的な候補としては，以下のようなものが考えられる．

0次 : $C(s) = 1$

1次 : $C(s) = s$

2次 : $C(s) = s^2$, $s^2 + \omega_0^2$, $s^2 + 2\Delta\omega s + \omega_0^2 ; \Delta\omega \geqq 0$

3次 : $C(s) = s(s^2 + \omega_0^2)$, $s(s^2 + 2\Delta\omega s + \omega_0^2) ; \Delta\omega \geqq 0$

上記のように，2次分母多項式 $C(s)$ の候補として $s^2 + 2\Delta\omega s + \omega_0^2 ; \Delta\omega \geqq 0$ をも挙げている．外乱によっては，その周波数が必ずしも一定でなく，ある周波数 $\omega_0$ を中心に $\pm\Delta\omega$ の幅でゆらぎ，しかもそのときの正確な周波数が不明なことがある．このような外乱抑圧には $\Delta\omega$ 因子をもたせた制御器分母多項式が有用である．制御器分母多項式 $C(s)$ の根（零点）の安定・不安定に関しては，一般には，不安定に固執する必要はない．ゼロ次の $C(s) = 1, s^2 + 2\Delta\omega s + \omega_0^2 ; \Delta\omega \geqq 0$ をもつ $C(s)$ は，この例にあたる．

分母多項式 $C(s)$ をゼロ次とする場合には，制御器 $G_{cnt}(s) = D(s)/C(s)$ は P 制御器（比例制御器，proportional controller）に帰着され，分母多項式 $C(s)$ を $C(s) = s$ とする場合には制御器 $G_{cnt}(s) = D(s)/C(s)$ は PI 制御器（比例＋積分制御器，proportional and integral controller）に帰着される．分母多項式 $C(s)$ が $s^k$ 因子をもつときの制御器は，k 形制御器と呼ばれる．したがって $s$ 因子をもつ PI 制御器は I 形制御器でもあり，ランプ指令への追従を目指した $s^2$ 因子をもつ制御器はⅡ形制御器でもある．このように，上記設計法は，P 制御器，PI 制御器，さらにはk 形制御器を含めた統一的な設計法となっている．

安定性を指定するフルビッツ多項式 $H(s)$ の設計は，以下のように行えばよい．制御器分母多項式 $C(s)$ が決定されれば，$H(s)$ の次数はおのずと定まる．すなわち，$C(s)$ が $n$ 次ならば，$H(s)$ は $(n+1)$ 次である．

$(n+1)$ 次 $H(s)$ の係数は，$(n+1)$ 個の安定零点（安定根）$-s_k$ を指定して定めればよい．すなわち

$$H(s) = (s+s_1)(s+s_2)\cdots(s+s_{n+1}) \tag{8.15a}$$

このとき，次の関係が成立する．

$$h_n = \sum_{k=1}^{n+1} s_k \tag{8.15b}$$

制御対象，制御目的に依存するが，電気系，機械系を制御対象とする多くの応用では，ステップ応答における過度の行き過ぎ（オーバーシュート）の回避，振動の回避を要求されることが少なくない．このような要求に副うには，安定零点を実数に選定することが好ましい．式(8.13)と式(8.15)に加え，安定零点が実数であることを考慮すると，次の関係を付与できる．

$$s_k = w_k \omega_c, \quad \sum_{k=1}^{n+1} w_k = 1 \quad ; 0 < w_k < 1 \tag{8.16}$$

上式における $\omega_c$ は速応性を指定すべく与えた閉ループ伝達関数の帯域幅であり，$w_k$ は重みである．重み $w_k$ は，すべて等しく選定することも可能であるが，制御対象の近似誤差を考慮して安全を見込むならば，重み $w_k$ には大小の違いをもたせたほうが無難なことも多い．

## 8.3 制御器設計の基本例

### 8.3.1 P制御器（0次制御器）

式(8.5)の制御対象と式(8.6)の制御器とを考え，具体的な制御器としてP制御器（0次制御器）を採用した場合の例を示す．

〔1〕 **設 計 手 順** 以下に，設計手順を示す．

① 制御器分母多項式 $C(s)$ として，次の0次のものを選択したとする．
$$C(s) = 1 \tag{8.17}$$

② 閉ループ伝達関数の帯域幅を $\omega_c$ とする．

③ 1次フルビッツ多項式 $H(s)$ は，式(8.13)より，必然的に次式となる．
$$H(s) = s + h_0 = s + \omega_c \tag{8.18}$$

④ 0次制御器の分子多項式は，式(8.14)より，次式となる．
$$D(s) = d_0, \quad d_0 = \frac{h_0 - a}{b} = \frac{\omega_c - a}{b} \tag{8.19}$$

◇

したがって，本制御システムのP制御器と閉ループ伝達関数は，おのおの，次式となる．

176    8. 制御システムの設計

$$G_{cnt}(s) = \frac{D(s)}{C(s)} = \frac{d_0}{1} = \frac{\omega_c - a}{b} \tag{8.20a}$$

$$G_c(s) = \frac{bd_0}{s + (a + bd_0)} = \frac{\omega_c - a}{s + \omega_c} \tag{8.20b}$$

〔2〕**定常偏差**　単位ステップ関数を指令値 $y^*(t)$ とし，これに対するステップ応答 $y(t)$ を考える。この場合の定常値および定常偏差（定常的な制御偏差）は，おのおの次式となる。

$$y(\infty) = G_c(0), \quad e(\infty) = y^*(\infty) - y(\infty) = 1 - G_c(0) \tag{8.21}$$

したがって，P 制御器による場合には，式(8.20b)を式(8.21)に用い，次の関係を得る。

$$G_c(0) = \frac{\omega_c - a}{\omega_c}, \quad e(\infty) = y^*(\infty) - y(\infty) = \frac{a}{\omega_c} \tag{8.22}$$

P 制御による場合には，式(8.22)が示した定常偏差が発生する。定常偏差を低減するには，式(8.22)が示しているように，帯域幅 $\omega_c$ を向上する必要がある。しかし，実際の制御システムにおいては，帯域幅の向上には限界がある。

〔3〕**設　計　例**　制御対象 $G_p(s)$ として，次のものを考える。

$$G_p(s) = \frac{1}{Ls + R} = \frac{1}{0.0011s + 0.56} \approx \frac{909}{s + 509} \tag{8.23}$$

本伝達関数は，停止時の永久磁石 DC モータの電機子（armature）の印加電圧から電流応答に至る伝達関数を示しており，$(Ls + R)$ は電機子のインピーダンスを表現している。制御目的は，操作量としての電機子電圧 $u(t)$ を操作し，制御量である電流応答値 $y(t)$ が電流指令値 $y^*(t)$ に追従するように制御することである。すなわち，本システムは，電機子電流制御のための制御システムである。

制御対象（電機子）自体の時定数 $L/R = 0.002$〔s〕，帯域幅 $R/L = 509$〔rad/s〕を考慮の上，電流制御システムの帯域幅として，時定数 $0.00033$〔s〕に相当する帯域幅 $\omega_c = 3000$〔rad/s〕を指定したとする。したがって，P 制御器（電流制御器）は式(8.19)より次式となる。

(a) 周波数応答　　　　　　　　　(b) ステップ応答

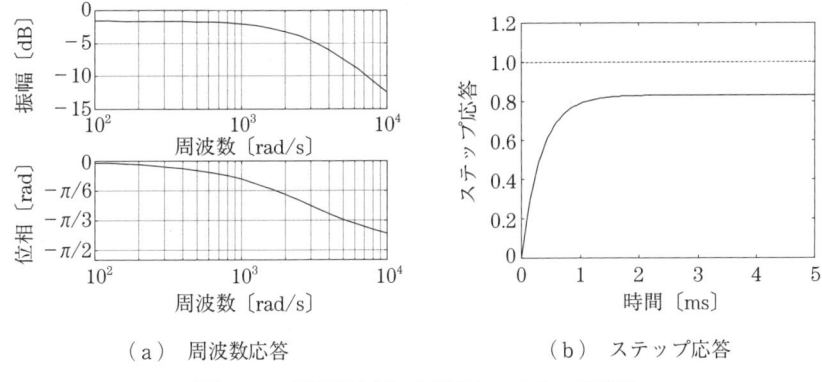

図 8.2　P 制御器を用いた制御システムの応答例

$$G_{cnt}(s) = \frac{D(s)}{C(s)} = \frac{d_0}{1} = \frac{\omega_c - a}{b} \approx \frac{3\,000 - 509}{909} \approx 2.74 \tag{8.24}$$

この結果，電流制御システムの閉ループ伝達関数は次式となる．

$$G_c(s) \approx \frac{2\,491}{s + 3\,000} \tag{8.25}$$

図 8.2(a)，(b)に，P 制御器を用いた電流制御システム（閉ループ伝達関数）の周波数応答とステップ応答を示した．周波数応答は設計帯域幅 $\omega_c = 3\,000$〔rad/s〕が達成されていることを示している．一方，ステップ応答は，帯域幅 $\omega_c = 3\,000$〔rad/s〕に対応した時定数 $0.000\,33$〔s〕とともに，式(8.22)と整合した約 0.17 の定常偏差を示している．

### 8.3.2　PI 制御器（1 次制御器）

式(8.5)の制御対象と式(8.6)の制御器とを考え，具体的な制御器として PI 制御器（1 次制御器）を採用した場合の例を示す．

〔1〕**設　計　手　順**　　以下に，設計手順を示す．

① 制御器分母多項式 $C(s)$ として，次の 1 次のものを選択したとする．

$$C(s) = s \tag{8.26}$$

② 閉ループ伝達関数の帯域幅を $\omega_c$ とする．

③ 2次フルビッツ（安定）多項式 $H(s)$ を，その安定零点をすべて実数とすべく，以下のように設計する。

$$H(s) = s^2 + h_1 s + h_0 = (s + w_1 \omega_c)(s + (1 - w_1)\omega_c)$$
$$; 0 \leqq w_1 \leqq 0.5 \qquad (8.27)$$

④ 1次制御器の分子多項式は，式(8.14)より，次式となる。

$$D(s) = d_1 s + d_0 \qquad (8.28\text{a})$$

$$\left. \begin{array}{l} d_1 = \dfrac{h_1 - ac_1 - c_0}{b} = \dfrac{\omega_c - a}{b} \\[2mm] d_0 = \dfrac{h_0 - ac_0}{b} = \dfrac{w_1(1 - w_1)\omega_c^2}{b} \quad ; 0 \leqq w_1 \leqq 0.5 \end{array} \right\} \qquad (8.28\text{b})$$

◇

したがって，本制御システムの PI 制御器と閉ループ伝達関数は，おのおの，次式となる。

$$G_{cnt}(s) = \frac{D(s)}{C(s)} = \frac{d_1 s + d_0}{s} = d_1 + \frac{d_0}{s}$$
$$= \frac{\omega_c - a}{b} + \frac{w_1(1 - w_1)\omega_c^2}{bs} \quad ; 0 \leqq w_1 \leqq 0.5 \qquad (8.29\text{a})$$

$$G_c(s) = \frac{b(d_1 s + d_0)}{s^2 + (a + bd_1)s + bd_0} = \frac{(\omega_c - a)s + w_1(1 - w_1)\omega_c^2}{s^2 + \omega_c s + w_1(1 - w_1)\omega_c^2}$$
$$(8.29\text{b})$$

式(8.29a)の右辺第 1 項が P 制御器を，また第 2 項が I 制御器（積分制御器，integral controller）を示し，両者で PI 制御器を構成している。

式(8.29a)の PI 制御器は，次式のように表現することもある。

$$G_{cnt}(s) = d_1 + \frac{d_0}{s} = d_1\left(1 + \frac{\omega_i}{s}\right) = d_1\left(1 + \frac{1}{T_i s}\right) \qquad (8.30\text{a})$$

$$\omega_i = \frac{d_0}{d_1} = \frac{w_1(1 - w_1)\omega_c^2}{\omega_c - a} \approx w_1(1 - w_1)\omega_c \quad ; \omega_c \gg a \qquad (8.30\text{b})$$

$$T_i = \frac{d_1}{d_0} = \frac{1}{\omega_i} \qquad (8.30\text{c})$$

上式の $\omega_i$ は，PI 制御器の周波数応答をボード線図表現した場合の折れ点周波数を意味する（式(6.48b)，図 6.15 参照）。式(8.30b)より，折れ点周波数 $\omega_i$

と重み $w_1$ を以下のように関係づけることもできる.

$$w_1 \approx \frac{1}{2} - \sqrt{\frac{1}{4} - \frac{\omega_i}{\omega_c}} \quad ; 0 \leq \omega_i \leq \frac{\omega_c}{4} \tag{8.30d}$$

〔2〕 定常偏差　　$w_1 \neq 0$ の PI 制御器による定常偏差に関しては，式(8.29b)を式(8.21)に用い，次の関係を得る.

$$G_c(0) = 1, \quad e(\infty) = y^*(\infty) - y(\infty) = 0 \tag{8.31}$$

すなわち，$w_1 \neq 0$ の PI 制御器による場合には，制御システムは定常偏差を生じない.

本特性は，内部モデル原理に従うものであり，内部モデルの観点からは以下のように説明される．指令値 $y^*(t)$ のラプラス変換 $Y^*(s)$ は $Y^*(s) = 1/s$ であり，不安定因子 $s$ を有している．PI 制御器においては，式(8.26)が示しているように，その分母多項式 $C(s)$ に本因子 $s$ をもたせている．したがって，定常偏差が除去される.

式(8.29)と式(8.20)の比較より明白なように，PI 制御器において $w_1 = 0$ とする場合には，PI 制御器は P 制御器に帰着される．換言するならば，PI 制御器は特別の場合として P 制御器を包含している．また，PI 制御器の P ゲイン（$d_1$ 係数）は，P 制御器の P ゲイン（$d_0$ 係数）と同一であり，ともに，閉ループ伝達関数の帯域幅と直接的に関係している．PI 制御器は，P ゲインにより閉ループ伝達関数の帯域幅を維持しながら，設計パラメータ $w_1$ により積分ゲイン（$d_0$ 係数）の効果を調整できるようになっている.

〔3〕 積分ゲインの効果　　式(8.29b)に示した閉ループ伝達関数は，$\omega_c \gg a$ の場合には，以下のように近似される.

$$G_c(s) \approx \frac{\omega_c s + w_1(1-w_1)\omega_c^2}{s^2 + \omega_c s + w_1(1-w_1)\omega_c^2} \tag{8.32}$$

式(8.32)の閉ループ伝達関数における積分ゲインの効果を示すべく，設計パラメータ $w_1 = 0, 0.1, 0.2, 0.5$ に対する周波数応答，ステップ応答を図8.3(a)，(b)に与えた．なお同図では，周波数応答は正規化周波数 $\bar{\omega} = \omega/\omega_c$ に対して，またステップ応答は正規化時間 $t_n = t\omega_c$ に対して表示している.

(a) 周波数応答　　　　　　　　　（b）ステップ応答

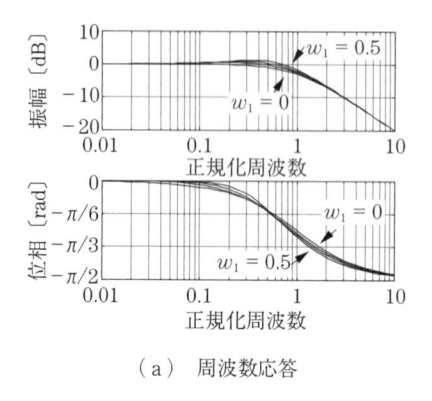

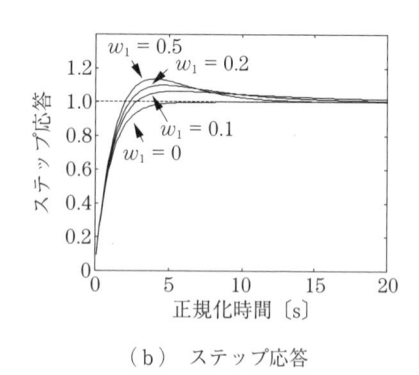

図8.3　PI制御器における積分ゲインの効果

周波数応答においては，いずれの設計パラメータ$w_1$に対しても，帯域幅$\bar{\omega} = \omega/\omega_c = 1$の近傍で$-3$〔dB〕の振幅減衰と$-\pi/4$〔rad〕の位相遅れとが得られている点，すなわち，式(6.90)の関係が実質的に達成されている点を確認されたい．閉ループ伝達関数のすべての極は実数であるが，設計パラメータ$w_1$が大きくなるにつれ，すなわち積分ゲインが大きくなるつれ，振幅応答は帯域幅直前で緩やかな膨らみ現象を示す．これは，式(8.32)の伝達関数分子多項式$D(s)$の効果による．相対次数が1次の式(8.32)と相対次数が2次の2次遅れ要素とにおける特性相違に注意されたい．

ステップ応答においては，いずれの設計パラメータ$w_1$に対しても，実質的に時定数$t_n = t\omega_c = 1$が達成されている点を確認されたい．これは，実質的に式(6.92)，(6.98)が達成されていることを意味している．閉ループ伝達関数のすべての極は実数であるが，設計パラメータ$w_1$が大きくなるにつれ，すなわち積分ゲインが大きくなるつれ，ステップ応答は行き過ぎを示している．行き過ぎの発生は，式(8.32)の伝達関数分子多項式によるものであり，周波数応答における帯域幅直前での緩やかな膨らみに対応している．しかし，行き過ぎ量は，2次遅れ要素の場合と異なり（図5.3参照），振動を起こしているわけではない．この無振動性は，閉ループ伝達関数のすべての極が実数である点に起因している．

〔4〕**設 計 例** 制御対象 $G_p(s)$ として,P制御の場合と同一の式(8.23)をすなわち停止時の電機子を考える。制御目的もP制御の場合と同一の電流制御とする。

電流制御システムの帯域幅としては,P制御の場合と同一の $\omega_c = 3\,000$ 〔rad/s〕を指定したとする。2次フルビッツ(安定)多項式 $H(s)$ を指定するための設計パラメータ $w_1$ は $w_1 = 0.2$ とする。したがって,PI制御器(電流制御器)は式(8.29a)より次のように定まる。

$$G_{cnt}(s) = \frac{D(s)}{C(s)} = d_1 + \frac{d_0}{s}$$
$$= \frac{\omega_c - a}{b} + \frac{w_1(1-w_1)\omega_c^2}{bs} = 2.74 + \frac{1\,584}{s} \qquad (8.33)$$

この結果,電流制御システムの閉ループ伝達関数は式(8.29b)より次式となる。

$$G_c(s) = \frac{b(d_1 s + d_0)}{s^2 + (a + bd_1)s + bd_0} = \frac{(\omega_c - a)s + w_1(1-w_1)\omega_c^2}{s^2 + \omega_c s + w_1(1-w_1)\omega_c^2}$$
$$= \frac{2\,491\,s + 1\,440\,000}{s^2 + 3\,000\,s + 1\,440\,000} \qquad (8.34)$$

図8.4(a),(b)に,電流制御システムの閉ループ伝達関数の周波数応答(振幅応答と位相応答)とステップ応答を示した。振幅応答は,設計帯域幅 $\omega_c = 3\,000$ 〔rad/s〕を達成している。帯域幅直前における膨らみも発生して

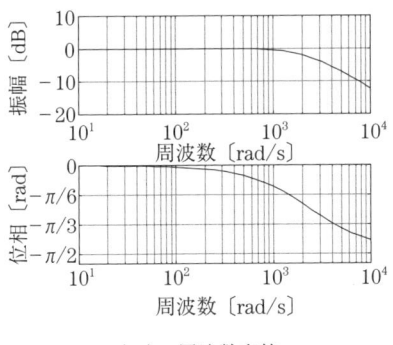

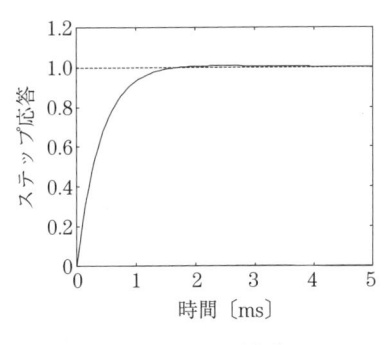

(a) 周波数応答          (b) ステップ応答

図8.4 PI制御器を用いた制御システムの応答例

いない。位相応答に関しては，帯域幅近傍では $-\pi/4$〔rad〕の位相遅れが発生している。また，ステップ応答では，周波数応答に整合した時定数，立上り時間が観察され，行き過ぎも実質的には発生していない。また，定常偏差の消滅も確認される。これら応答特性は，すべて期待どおりである。

### 8.3.3 2次制御器

式(8.5)の制御対象と式(8.6)の制御器とを考え，具体的な制御器として2次制御器を採用した場合の例を示す。

〔1〕**設計手順**　以下に，設計手順を示す。

① 制御器分母多項式 $C(s)$ として，次の2次のものを選択したとする。
$$C(s) = s^2 + 2\Delta\omega s + \omega_0^2 \tag{8.35}$$

② 閉ループ伝達関数の帯域幅を $\omega_c$ とする。

③ 3次フルビッツ（安定）多項式 $H(s)$ を，その安定零点をすべて実数とすべく，以下のように設計する。
$$H(s) = s^3 + h_2 s^2 + h_1 s + h_0 = (s + w_1\omega_c)(s + w_2\omega_c)(s + w_3\omega_c) \tag{8.36a}$$
$$h_2 = \omega_c,\ h_1 = (w_1 w_2 + w_1 w_3 + w_2 w_3)\omega_c^2,\ h_0 = w_1 w_2 w_3 \omega_c^3 \tag{8.36b}$$
$$w_1 + w_2 + w_3 = 1;\quad 0 < w_k < 1 \tag{8.36c}$$

④ 2次制御器の分子多項式は，式(8.14)より，次式となる。
$$D(s) = d_2 s^2 + d_1 s + d_0 \tag{8.37a}$$
$$\left.\begin{array}{l} d_2 = \dfrac{h_2 - a - c_1}{b} = \dfrac{\omega_c - a - 2\Delta\omega}{b} \\[2mm] d_1 = \dfrac{h_1 - ac_1 - c_0}{b} = \dfrac{(w_1 w_2 + w_1 w_3 + w_2 w_3)\omega_c^2 - 2\Delta\omega a - \omega_0^2}{b} \\[2mm] d_0 = \dfrac{h_0 - ac_0}{b} = \dfrac{w_1 w_2 w_3 \omega_c^3 - \omega_0^2 a}{b} \end{array}\right\} \tag{8.37b}$$

◇

したがって，本制御システムの2次制御器と閉ループ伝達関数は，おのおの

次式となる。

$$G_{cnt}(s) = \frac{D(s)}{C(s)} = \frac{d_2 s^2 + d_1 s + d_0}{s^2 + 2\Delta\omega s + \omega_0^2} \tag{8.38a}$$

$$G_c(s) = \frac{b(d_2 s^2 + d_1 s + d_0)}{(s+a)(s^2 + 2\Delta\omega s + \omega_0^2) + b(d_2 s^2 + d_1 s + d_0)}$$

$$= \frac{b(d_2 s^2 + d_1 s + d_0)}{s^3 + h_2 s^2 + h_1 s + h_0} \tag{8.38b}$$

〔2〕 **一定周波数指令に対する定常偏差** $\Delta\omega = 0$ の場合には，式(8.38b)より，周波数 $\omega = \omega_0$ において次の関係が成立する。

$$G_c(j\omega_0) = 1 \tag{8.39a}$$

式(8.39a)の周波数特性は，周波数 $\omega = \omega_0$ をもつ正弦状の指令値に対して，応答値は振幅減衰も位相遅れもない状態で追従することを意味する。

微小な $\Delta\omega \neq 0$ の場合には式(8.39a)の関係は正確には成立しないが，近似的には（厳密には近似の程度によるが）成立すると考えてよい。すなわち，次の関係が成立する。

$$G_c(j\omega) \approx 1 \quad ; \omega_0 - \Delta\omega \leq \omega \leq \omega_0 + \Delta\omega \tag{8.39b}$$

式(8.39b)は，周波数 $\omega = \omega_0 \pm \Delta\omega$ をもつ正弦状の指令値に対して，応答値は大きな振幅減衰や大きな位相遅れがない状態で追従することを意味する。

〔3〕 **一定加速指令に対する定常偏差** 一定加速度で変化する指令値 $y^*(t)$ に対する追従性を検討する。指令値として，次式を考える。

$$y^*(t) = Kt \quad ; K = \text{const} \neq 0 \tag{8.40}$$

また，2次制御器 $G_{cnt}(s)$ としては，次のII形制御器を考える。

$$G_{cnt}(s) = \frac{D(s)}{C(s)} = \frac{d_2 s^2 + d_1 s + d_0}{s^2} = d_2 + \frac{d_1}{s} + \frac{d_0}{s^2} \tag{8.41}$$

この場合の制御偏差のラプラス変換は，式(8.4)の結果を利用すると，次式となる。

$$E(s) = \frac{A(s)C(s)}{H(s)} Y^*(s) = \frac{(s+a)s^2}{(s+a)s^2 + b(d_2 s^2 + d_1 s + d_0)} \cdot \frac{K}{s^2} \tag{8.42}$$

したがって，$d_0 \neq 0$ の場合には，式(2.27)の最終値定理により，次の関係を得る．

$$\lim_{t \to \infty} e(t) = \lim_{s \to 0} sE(s) = \lim_{s \to 0} \frac{K(s+a)s}{(s+a)s^2 + b(d_2 s^2 + d_1 s + d_0)} = 0 \tag{8.43}$$

また，$d_0 = 0, d_1 \neq 0$ の場合には，式(2.27)の最終値定理により，次の関係を得る．

$$\lim_{t \to \infty} e(t) = \lim_{s \to 0} sE(s) = \lim_{s \to 0} \frac{K(s+a)}{(s+a)s + b(d_2 s + d_1)} = \frac{aK}{bd_1} \tag{8.44}$$

式(8.43)は，一定加速度で変化する指令値に対して，II形制御器を利用する場合に定常偏差は発生しないことを示している．一方，式(8.44)は，I形制御器の一種であるPI制御器を利用する場合には，同式の右辺に示した定常偏差が発生することを示している．なお，PI制御器による場合にも，I制御器係数 $d_1$ を十分に大きく選定できる場合には，定常偏差を抑え込むことは可能である．

なお，II形制御器は，式(8.35)～(8.37)を用いた設計法において $\omega_0 = 0$，$\Delta \omega = 0$ の条件を付加してこれに従えば，ただちに設計される．

〔4〕**設　計　例**　　以下に，2次制御器の具体的設計の一例として，単相電力系統への連系を目的とした電力変換器（インバータ）と変圧器を介した電流制御の例を示す．電力変換器は，太陽光発電，風力発電などにより発生した電力を系統側に送る役割を担う．具体的には，50〔Hz〕または60〔Hz〕の正弦状の電流指令値に応じて，周波数と電圧の調整が可能な電力変換器と混触等防止用変圧器を用い，系統側へ電流を送ることになる．本制御目的を遂行すべく，電力変換器と変圧器を介した電流制御システムが構成される．

電流制御器から，電力変換器と変圧器を介して系統側を見た特性，すなわち制御対象の伝達関数は，次式で与えられるものとする．

$$\frac{b}{s+a} = \frac{1}{Ls+R} = \frac{1}{0.0012s + 0.1} = \frac{833}{s+83.3} \tag{8.45}$$

## 8.3 制御器設計の基本例

電流指令値は 50〔Hz〕の正弦信号であるとして，指令値に対する高い追従性を確保すべく，制御器分母多項式 $C(s)$ を式 (8.46a) の 2 次多項式に設計する．

$$C(s) = s^2 + (100\,\pi)^2 \tag{8.46a}$$

本設計は，式 (8.35) において次の選択を意味する．

$$\omega_0 = 100\,\pi, \quad \Delta\omega = 0 \tag{8.46b}$$

制御対象の時定数 $L/R = 0.012$〔s〕と電流指令値の周波数 $100\,\pi \approx 314$〔rad/s〕とを考慮し，電流制御システムとして，立上り時間 $0.000\,73$〔s〕（時定数 $0.000\,33$〔s〕）に相当する $\omega_c = 3\,000$〔rad/s〕の帯域幅を指定したとする．制御器分母多項式 $C(s)$ が 2 次であるので，フルビッツ多項式 $H(s)$ は 3 次となる．この係数を式 (8.36) に従い設計するものとし，3 個の重み $w_k$ は次のように指定するものとする．

$$w_1 = w_2 = w_3 = \frac{1}{3} \tag{8.47a}$$

本重みの指定は，3 次多項式 $H(s)$ を，安定三重零点をもつ次式に選定したことを意味する．

$$H(s) = (s + 1\,000)^3 \tag{8.47b}$$

式 (8.37) に関連パラメータを用いると，制御器の 2 次分子多項式 $D(s)$ は，以下のように定まる．

$$D(s) = 3.5s^2 + 348\,1.565s + 1\,190\,130 \tag{8.48}$$

図 8.5 (a) は，上記設計に基づき，電流制御システムの閉ループ伝達関数 $G_c(s)$ の周波数応答を調べたものである．上段，下段はおのおの振幅応答，位相応答を示している．同図より，まず，所期の帯域幅が得られていることがわかる．次に，式 (8.39a) に示した $G_c(j100\pi) = 1$ が内部モデル原理により達成され，さらには 400〔rad/s〕までの広い範囲にわたり $G_c(j\omega) \approx 1$ が達成されていることもわかる．加えて，式 (6.90a) の関係すなわち周波数 $\omega_c = 3\,000$〔rad/s〕における位相がおおむね $-\pi/4$〔rad〕になっていることも確認される．このときの制御システムの安定性を決定づける $G_c(s)$ 極は，式 (8.47b) の

## 8. 制御システムの設計

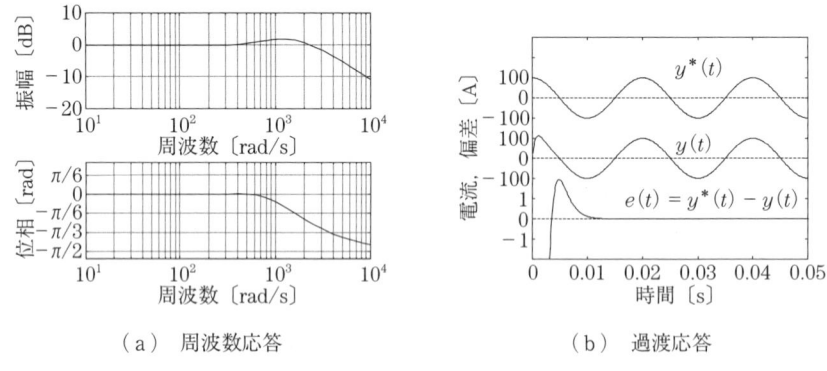

(a) 周波数応答　　　　　(b) 過渡応答

図 8.5　2 次制御器を利用したシステムの応答例

3 次フルビッツ多項式 $H(s)$ で指定された値となっている。

図 8.5(b) に，次式に示した波高値 100 〔A〕，周波数 50 〔Hz〕の電流指令値 $y^*(t)$ を与えたときの電流応答値 $y(t)$ の過渡応答を示した。

$$y^*(t) = 100\cos(100\pi t) \tag{8.49}$$

ただし，電流指令値印加前のシステム内部状態（初期状態）はゼロとした。同図は，上から，電流指令値 $y^*(t)$，同応答値 $y(t)$，電流偏差 $e(t) = y^*(t) - y(t)$ を示している。電流偏差は，電流指令値，同応答値とは異なるスケーリングを採用しているので注意されたい。制御開始から約 0.01 〔s〕後には，電流偏差がゼロに収斂しており，所期の制御目的が達成されている。

# 9 DC サーボモータ駆動制御システムの設計

　前章では，制御システムのための高次制御器の設計法を説明した．本章では，DC サーボモータ駆動制御システムの設計を通じ，高次制御器の具体的設計例を示す．制御システムにおいては，システムが正しく構成されている場合でも，設計パラメータが適切に選定されなければ，所期の制御性能を得ることはできない．高次制御器の具体的設計の例示に加えて，設計パラメータの具体値の例示，サーボシステムの具体的構成と実際的応答の例示が，本章の目的である．

## 9.1　DC サーボモータとシステムの概要

### 9.1.1　モータの動作原理と指標

〔1〕**動作原理とブロック線図**　4.2.2 項において，図 4.6 を用い，永久磁石界磁（permanent-magnet field）をもつ DC モータ（直流モータ，DC motor）の動作を一応説明した．DC サーボモータの駆動制御システムの設計には，制御対象である DC サーボモータの理解が必要であるので，この説明を改めて行う．なお，DC サーボモータとは，一般には，追値制御用途に開発された永久磁石界磁 DC モータを意味する．

　図 9.1 を考える．本図は，DC サーボモータの機構をブロック線図で表現したものであり，本機構は次の数式で記述することもできる．

$$(Ls + R)i = v - K\omega_m \tag{9.1a}$$

$$\tau = Ki \tag{9.1b}$$

$$(J_m s + D_m)\omega_m = \tau, \quad s\theta_m = \omega_m \tag{9.1c}$$

ここに，$v, i, \tau, \omega_m, \theta_m$ は，おのおの，電機子（armature）へ印加される電圧，

188    9. DC サーボモータ駆動制御システムの設計

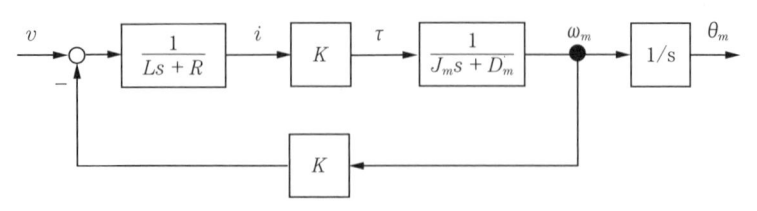

図9.1 DC サーボモータのブロック線図

これに応じて電機子に流れる電流，電機子に発生するトルク，電機子の回転速度を意味している．また，$L, R, J_m, D_m$ は，電機子のインダクタンス（inductance），抵抗（resistance），慣性モーメント（moment of inertia），粘性摩擦係数（viscous friction coefficient）であり，$K$ はトルク定数（torque constant）および誘起電圧定数（electromotive force constant）である．永久磁石界磁のDC モータでは，トルク定数と誘起電圧定数は同一である．なお，$s$ は微分演算子 $d/dt$ またはラプラス演算子である（式(3.38)参照）．

図9.1における最左端のブロック $1/(Ls+R)$ は，式(9.1a)に基づいた電圧と電流との関係を表現している．次のブロック $K$ は，式(9.1b)に基づくものであり，フレミングの左手則に従い電流に比例してトルクが発生する様子を示している．最右端のブロックは式(9.1c)に基づくものであり，発生トルクに応じて生じる回転速度を表現している．誘起電圧定数 $K$ を用いたフィードバック信号は，フレミングの右手則に従い，回転速度に比例して誘起電圧 $K\omega_m(t)$ が印加電圧 $v(t)$ を打ち消すように発生する様子を表現している．なお，モータ駆動制御の分野では，電機子，界磁は，おのおの，回転子（rotor），固定子（stator）と呼ばれることもある．

〔2〕 速応性の指標

1） **電気的時定数**　モータを拘束したゼロ速度状態では，印加電圧と電機子電流とは，次式で関係づけられる．

$$i = \frac{1}{Ls+R} v \tag{9.2a}$$

上記特性の時定数を電気的時定数 $T_{ce}$ という．すなわち

## 9.1 DCサーボモータとシステムの概要

$$T_{ce} = \frac{L}{R} \tag{9.2b}$$

電気的時定数は，モータ単体における電流応答の速応性を示す指標となる。

**2) 機械的時定数** 図9.1より，印加電圧 $v$ から電機子速度 $\omega_m$ に至る伝達関数は，式(4.12b)に示したように次式となる。

$$G(s) = \frac{K}{J_m L s^2 + (D_m L + J_m R)s + (D_m R + K^2)} \tag{9.3}$$

モータ単体の粘性摩擦係数 $D_m$ は無視できるとすると，式(9.3)は次式となる。

$$G(s) = \frac{K}{J_m L s^2 + J_m R s + K^2} = \frac{\dfrac{K}{J_m L}}{s^2 + \dfrac{R}{L}s + \dfrac{K^2}{J_m L}}$$

$$= \frac{1}{K} \cdot \frac{\omega_n^2}{s^2 + 2\zeta\omega_n s + \omega_n^2} \tag{9.4a}$$

ただし

$$\omega_n = \frac{K}{\sqrt{J_m L}}, \quad \zeta = \frac{R}{2K}\sqrt{\frac{J_m}{L}} \tag{9.4b}$$

慣性モーメントが十分に小さく設計され，減衰係数 $\zeta$ が $0 < \zeta < 1$ の場合には，式(9.4)の伝達関数に対するステップ応答は振動的となる。このときの振動包絡線の時定数 $T_{cm}$ は，式(9.4)を式(5.18)に適用すると次式となる。

$$T_{cm} = \frac{1}{\zeta \omega_n} = \frac{2L}{R} \tag{9.5}$$

式(9.4)の伝達関数に対するステップ応答が定常値の約63％に到達する時間 $T_{cm}$ に関しては，高次項を無視して式(9.4)を次のように近似すると

$$G(s) \approx \frac{K}{J_m R s + K^2} = \frac{1}{K} \cdot \frac{1}{\dfrac{J_m R}{K^2}s + 1} \tag{9.6a}$$

次式を得る。

$$T_{cm} = \frac{J_m R}{K^2} \tag{9.6b}$$

一般には，式(9.6b)で定義した $T_{cm}$ を機械的時定数と呼ぶ。機械的時定数は，

モータ単体での加減速性能を示す指標となる。

**3）加速定数とパワーレイト** モータ単体での加減速性能を示す他の指標として，加速定数（acceleration constant）とパワーレイト（power rate）がある。加速定数 $T_a$ は，静止状態のモータ単体を定格トルク（rated torque）$\tau_r$ で加速した場合に，定格速度（rated speed）$\omega_{mr}$ に到達するまでの時間をいう。電機子の機械的動特性が，粘性摩擦係数等を無視した式(9.7)で表現されると仮定するならば，加速定数 $T_a$ は式(9.8)となる。

$$\omega_m = \frac{1}{J_m s}\tau \tag{9.7}$$

$$T_a = \frac{\omega_{mr}}{\tau_r} J_m \tag{9.8}$$

パワーレイト $r_p$ とは，モータ単体を定格トルク（一定値）$\tau_r$ で加速したときの軸出力の変化をいう。すなわち

$$r_p = s(\tau_r \omega_m) = \tau_r \cdot s\omega_m \tag{9.9a}$$

電機子の機械的動特性が式(9.7)で表現されると仮定するならば，式(9.9a)のパワーレイト $r_p$ は次式のように再表現することもできる。

$$r_p = \frac{\tau_r^2}{J_m} \tag{9.9b}$$

電機子の機械的動特性として式(9.7)を仮定とする場合には，加速定数 $T_a$ とパワーレイト $r_p$ の間には次の関係が成立する。

$$T_a r_p = \tau_r \omega_{mr} = p_r \tag{9.10}$$

ここに，$p_r$ はモータの定格出力（rated power）である。

機械的時定数，加速定数，パワーレイトは，ともにモータ単体に対する加減速性能を示す指標である。機械的時定数は電機子電流の制御を実施しない状態でのモータ特性であるのに対して，加速定数とパワーレイトは，電機子電流制御システム構成後の制御システム特性である。この相違には注意されたい。

〔3〕**モータパラメータの例** 表9.1に，DCサーボモータのパラメータ例を示した。すべてのパラメータの値は，国際単位系（SI）で表示している。なお，本パラメータは，山洋電気(株)製の500〔W〕モータ（T850-012EL8）

## 9.1 DC サーボモータとシステムの概要

表 9.1 DC サーボモータのパラメータ例

| | | | |
|---|---|---|---|
| 電機子抵抗 | 0.56 〔Ω〕 | 定格トルク | 1.91 〔Nm〕 |
| 電機子インダクタンス | 0.0011 〔H〕 | 定格電流 | 6.65 〔A〕 |
| トルク定数 | 0.287 〔Nm/A〕 | 定格電圧 | 80 〔V〕 |
| 誘起電圧定数 | 0.287 〔Vs/rad〕 | 定格速度 | 262 〔rad/s〕 |
| 定格出力 | 500 〔W〕 | 慣性モーメント | 0.0006 〔kgm$^2$〕 |

を参考に用意した。サーボモータの特徴として，慣性モーメントは小さく設計されている。

表 9.1 のパラメータを利用して，時定数等の特性を算定し以下に示した。

① 電気的時定数

$$T_{ce} = \frac{L}{R} = \frac{0.0011}{0.56} = 0.0019 \tag{9.11}$$

② 機械的時定数

$$\left. \begin{aligned} \omega_n &= \frac{K}{\sqrt{J_m L}} = \frac{0.287}{\sqrt{0.0006 \times 0.011}} = 359 \\ \zeta &= \frac{R}{2K}\sqrt{\frac{J_m}{L}} = \frac{0.56}{2 \times 0.287}\sqrt{\frac{0.0006}{0.011}} = 0.7331 \end{aligned} \right\} \tag{9.12a}$$

$$T_{cm} = \frac{2L}{R} = \frac{2 \times 0.0011}{0.56} = 0.0038 \tag{9.12b}$$

$$T_{cm} = \frac{J_m R}{K^2} = \frac{0.0006 \times 0.56}{0.287^2} = 0.0041 \tag{9.13}$$

③ 加速定数

$$T_a = \frac{\omega_{mr}}{\tau_r} J_m = \frac{262 \times 0.0006}{1.91} = 0.0823 \tag{9.14}$$

④ パワーレイト

$$r_p = \frac{\tau_r^2}{J_m} = \frac{1.91^2}{0.0006} = 6080 \tag{9.15}$$

### 9.1.2 DC サーボモータのための電力変換器

〔1〕 **基 本 構 造**　サーボモータに所要の電力を印加するには，相応の電力装置が必要である。一般に，数十〔W〕以下の小型 DC モータ用の装置とし

ては，リニアアンプ，リニア H ブリッジ回路（フルブリッジ回路）等が利用されるが，これら回路の効率はよくない．すなわち損失が大きい．このため，ある程度以上の出力をもつ DC モータ用の装置としては，一定直流電圧のスイッチングを通じ，可変な直流電圧を等価的に発生できる高効率な電力変換器が利用される．図 9.2 に，電力変換器の基本構造を示した．同図左端には，一定電圧 $v_c$ をもつ直流電力を図示しているが，これは交流電力の整流，蓄電池などから得ることになる．

電力変換器は P と N の 2 個のアーム（arm, leg）から構成されている．各アームは上下段に配した 2 個のスイッチから構成されている．アームの上下段の各スイッチはトランジスタスイッチとこれに逆並列接続された還流ダイオード（free wheeling diode）から構成されている．負荷がモータのような誘導負荷の場合，トランジスタスイッチをオフにしても電流は流れようとする．還流ダイオードはこのような電流の流れを維持するためのものである．トランジスタスイッチと還流ダイオードとが 1 個のスイッチを構成し，本スイッチは，概念的には破線ブロックで図示した機械的スイッチとしてとらえることもできる．

電力変換器は，4 個のスイッチの適切な切換え，すなわちスイッチングを通じ，可変電圧の直流電圧を等価的に発生することができる．

各アームの上下段 2 個のトランジスタスイッチは同時にオンすることはない．これは，同時にオンすれば，直流電源を短絡することになるからである．各アームの上下段 2 個のトランジスタスイッチは，原則的には，一方がオンで

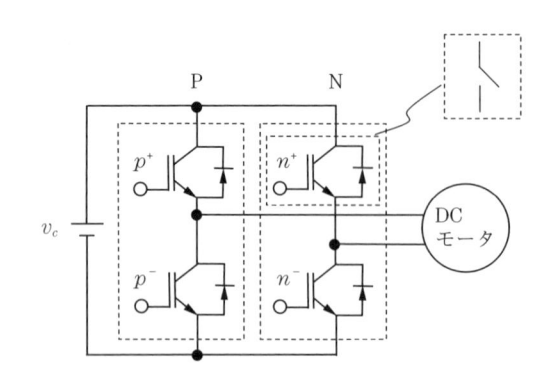

図 9.2 可変電圧電力変換器の基本構造

あれば他方がオフという具合に，オン・オフのモードがたがいに逆となる。モータに対し正電圧印加の場合にはPアーム上段・Nアーム下段のスイッチがオンであり，負電圧印加の場合にはPアーム下段・Nアーム上段のスイッチがオンとなる。ゼロ電圧印加の場合には，PN両アームともに下段スイッチをオンにするか，またはともに上段スイッチをオンにする。すなわち，ゼロ電圧印加に限っては，2種のスイッチングパタンが存在する。

オフモードからオンモードへの切換えをターンオン（turn-on），これに要する時間をターンオン時間（turn-on time）という。反対に，オンモードからオフモードへの切換えをターンオフ（turn-off），これに要する時間をターンオフ時間（turn-off time）という。ターンオン時間，ターンオフ時間はゼロではない。しかしながらスイッチング原理の理解には，これらはゼロと考えておけばよい。すなわち，スイッチングのためにスイッチに入力されるスイッチング信号とスイッチの応答（換言するならば，状態）とは，瞬時において同一であると考えておけばよい。

〔2〕 **可変電圧の等価発生**　　可変電圧 $v_v$ の一定期間 $T_s$ での発生を，一定電圧 $v_c$ の可変期間 $T_v$ での発生を通じ等価的に行うことを考える。ただし，ごく短時間の一定期間 $T_s$ では，可変電圧 $v_v$ は一定とする。

本等価性を次式の成立をもって達成する。

$$T_s v_v = T_v v_c \tag{9.16}$$

可変なオン期間 $T_v$ は，上式より以下のように求められる。

$$T_v = \left(\frac{T_s}{v_c}\right)v_v = T_s\left(\frac{v_v}{v_c}\right) \tag{9.17}$$

すなわち，等価性のルールは発生期間 $T_v$ を発生すべき電圧 $v_v$ に比例して定めるもの，あるいは発生期間 $T_v$ を $v_v/v_c$ に比例して定めるものであるといえる。

図 9.3 に後者の考えに基づく発生期間 $T_v$ を示した。同図より明らかなように発生期間 $T_v$ は，時間とともに直線的に変化する直線信号と一定値 $v_v$ との交点により，ただちに決定される。同図下段には，一定電圧 $v_c$ の発生期間 $T_v$ を，1（オン），0（オフ）のパルス状のスイッチング信号 $p^+$ として表示した。

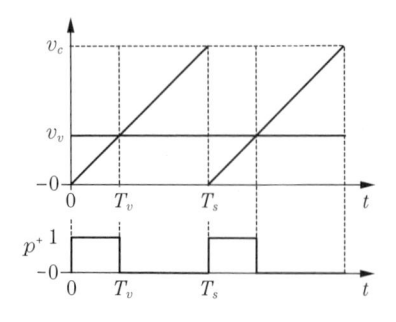

図9.3 のこぎり波比較PWMの原理

　直線信号を周期$T_s$ののこぎり波とすれば，のこぎり波と等価的に発生すべき電圧$v_v$との交点を求めることにより，一定電圧$v_c$の発生期間を指定するスイッチング信号を連続的にしかも簡単に生成することができる．換言するならば，スイッチング信号の生成は，のこぎり波と発生すべき電圧$v_v$との大小を比較し，発生すべき電圧が大なるときに1（オン）を，小なるときに0（オフ）を選択するようにすればよい．

　上記のような，電圧発生のためのスイッチング信号の生成は，のこぎり波比較PWMと呼ばれる．図9.3では上昇形のこぎり波を使用してのこぎり波比較PWMを説明したが，下降形のこぎり波を使用しても同様なスイッチング信号を得ることができる．また，上昇形と下降形ののこぎり波を組み合わせたような三角波を用いた三角波比較PWMもある．

　図9.4に，電圧指令値$v^*$から，Pアームの上段スイッチのためのスイッチング信号$p^+$，同下段スイッチのためのスイッチング信号$p^-$，Nアームの上段スイッチのためのスイッチング信号$n^+$，同下段スイッチのためのスイッチング信号$n^-$を発生するための一つの方法を例示した．スイッチング信号$p^+$は，電圧指令値$v^*$とのこぎり波の単純比較より得，スイッチング信号$p^-$はスイッチング信号$p^+$の反転として得ている．一方，Nアームのためのスイッチング信号$n^+, n^-$は，まず，電圧指令値$v^*$の符号を反転した信号を生成し，符号反転信号に対してPアームと同一の処理をして，スッチング信号を生成している．

　実際には，各スイッチのターンオン時間，ターンオフ時間を考慮し，本スイ

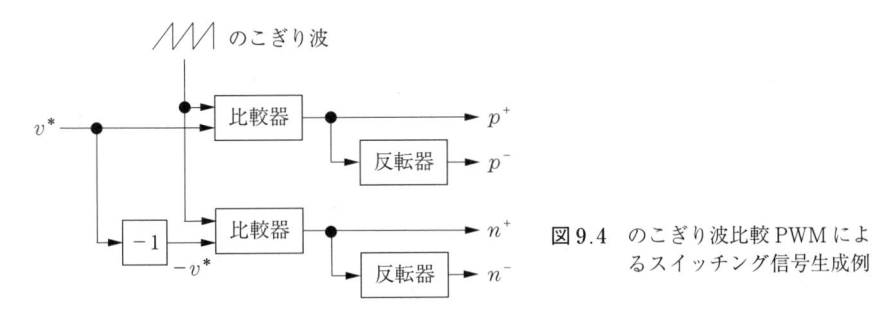

図9.4 のこぎり波比較PWMによるスイッチング信号生成例

ッチング信号に短絡防止期間（dead time）をセットした上で増幅し，トランジスタ駆動のための最終的スイッチング信号とする．なお，図9.4に用いた比較器，反転器は，演算増幅器（OPアンプ，operational amplifier）を用いて容易に実現できる．

図9.5に，図9.4の原理に基づき生成された4種のスイッチング信号を例示した．同図の波形は，上から，のこぎり波 $c_a$，電圧指令値 $v^*$，スイッチング信号 $p^+, p^-, n^+, n^-$ を意味している．同図においては，原理図示の明確化を考慮し，可変な電圧指令値に対して，のこぎり波の周波数を意図的に著しく低減している．のこぎり波の周波数としては，一般には，5〜20〔kHz〕程度が利用される．

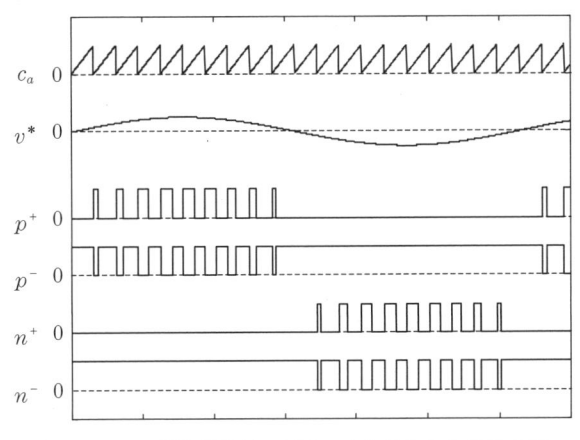

図9.5 のこぎり波比較PWMにより発生した信号の例

本例では，正電圧を持続的に印加する場合には，Nアームに関しては $(n^+ = 0, n^- = 1)$ のスイッチング信号を持続生成し，Pアームに関しては $(p^+ = 1, p^- = 0)$ または $(p^+ = 0, p^- = 1)$ のスイッチング信号を生成している。反対に，負電圧を持続的に印加する場合には，Pアームに関しては $(p^+ = 0, p^- = 1)$ のスイッチング信号を持続発生し，Nアームに関しては $(n^+ = 1, n^- = 0)$ または $(n^+ = 0, n^- = 1)$ のスイッチング信号を生成している。本例では，ゼロ電圧指令には，$(p^+ = 0, p^- = 1)$，$(n^+ = 0, n^- = 1)$ のスイッチングパタンを採用している。

### 9.1.3 駆動制御システムの構成

図9.6に，DCサーボモータを対象とした駆動制御システムの全体構成を示した。本駆動制御システムは，右端から，DCサーボモータ，電力変換器，電流制御器，指令変換器（$1/K$と表示），速度制御器，位置制御器で構成されている。DCサーボモータには，位置検出器（PGと表示）が装着されており，これから電機子の位置情報を得ている。位置情報を速度検出器で近似微分処理して，速度情報を得ている。また，DCサーボモータへの可変電圧印加の役割を担う電力変換器に取りつけられた電流検出器（リングで表示）により，電流情報を得ている。

図9.6に示した制御システムは，位置制御を行う場合にも速度制御ループ，電流制御ループを構成し，また，速度制御を行う場合にも電流制御ループを構成している。換言するならば，電流制御ループの上位に速度制御ループを構成

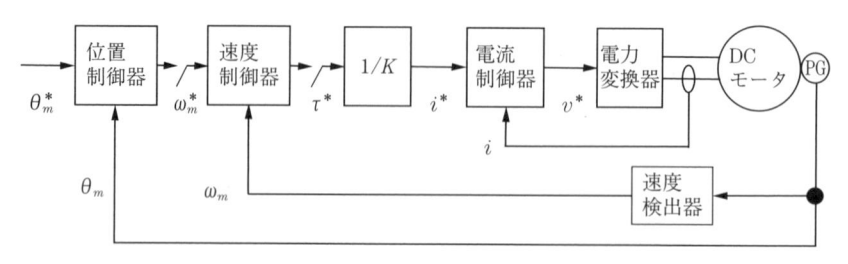

図9.6 DCサーボモータ駆動制御システムの代表的構成

し，さらに，その上位に位置制御ループを構成するというシステム構造を採用している．本構造採用の主たる理由は以下のとおりである．

① 上位の制御を行っている場合にも，下位の物理量に制限を付す必要がある．例えば，速度制御は，あらかじめ定められた電流制限の範囲内で実施する必要がある．
② 制御モードのスムーズな切換えを求められることがある．例えば，応用によっては，電流制御と速度制御との間で，電流制御と位置制御の間で，速度制御と位置制御との間で，制御モードの変更が求められる．

## 9.2 電 流 制 御

### 9.2.1 電流制御システムの構成と設計

モータ制御の基本は，トルク $\tau$，速度 $\omega_m$，位置 $\theta_m$ の制御である．これは，機械系の動的物理量が，加速度，速度，位置であることに対応している．式(9.1b)が示しているように，DC サーボモータによる発生トルク $\tau$ は電流 $i$ に比例する．トルク制御は，実際には本関係を利用して電流制御を通じて行う．

駆動制御システムにおける電力変換器は，一般的制御システムのなかでは操作部にあたる（図1.1，1.2参照）．電流制御器の設計においては，電流制御器から見た制御対象の特性を知ることが必要である．電流制御器の通常の設計では，電力変換器は伝達関数が1の理想的な特性をもつものとして扱う．換言するならば，電力変換器の入力を電圧指令値 $v^*$，同出力を印加電圧 $v$ とすると，次式が成立しているものとして制御器を設計する．

$$v = v^* \tag{9.18}$$

上式のもとでは，制御器設計上は電力変換器の存在を無視できる．

電流制御を制御目的とする場合，制御対象は式(9.1a)で表現され，これは，式(9.18)の条件のもとでは次のように書き換えられる．

$$i = \frac{1}{Ls + R}\tilde{v}^*, \quad \tilde{v}^* = v^* - K\omega_m \tag{9.19}$$

電圧指令値 $\tilde{v}^*$ と電流 $i$ とに関する式(9.19)の関係は，1次遅れ要素のそれと同一である．したがって，電圧指令値 $\tilde{v}^*$，電流 $i$ をおのおの，操作量，制御量ととらえ，制御量たる電流を制御するための電流制御器として PI 制御器を採用する場合には，式(9.19)から補償項（補償器）$K\omega_m$ をもつ次の関係を得る．

$$\tilde{v}^* = \left(d_{i1} + \frac{d_{i0}}{s}\right)(i^* - i), \quad v^* = \tilde{v}^* + K\omega_m \tag{9.20}$$

式(9.20)の関係を図 9.7 に示した．式(9.18)の理想的特性をもつとした電力変換器の存在を無視して，図 9.7 の右端を図 9.1 の左端に接続することを考える．本接続により，式(9.20)の第 2 式として出現した補償項 $K\omega_m$ は，モータ自体が有する誘起電圧項 $(-K\omega_m)$ を相殺するものであることわかる．

式(9.19)は，次のようにとらえることもできる．

$$i = \frac{1}{Ls + R}(v^* + n), \quad n = -K\omega_m \tag{9.21}$$

式(9.21)は，誘起電圧項 $(-K\omega_m)$ を制御対象 $1/(Ls+R)$ の入力端に混入する外乱としてとらえるものである．速度が一定の場合には，誘起電圧項は一定であるので，外乱は一定である．したがって，内部モデル原理によれば，電流制御器を PI 制御器とする場合には，本外乱を除去できる．すなわち，電流制御器としては，補償項（補償器）を撤去した次のものでよいことがわかる．

$$v^* = \left(d_{i1} + \frac{d_{i0}}{s}\right)(i^* - i) \tag{9.22}$$

式(9.20)と式(9.22)における電流制御器係数 $d_{i1}, d_{i0}$ は同一でよく，これらの設計には，8.3.2 項で示した PI 制御器設計法が適用される．これは，以下のように再整理される．

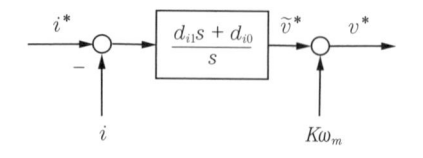

図 9.7 補償器つき PI 電流制御器

## 【PI 電流制御器設計法】

$$d_{i1} = Lh_1 - R = L\omega_{ic} - R \approx L\omega_{ic} \tag{9.23a}$$

$$d_{i0} = Lh_0 = Lw_1(1-w_1)\omega_{ic}^2 \tag{9.23b}$$

$$0.05 \leqq w_1 \leqq 0.5 \tag{9.23c}$$

◇

上式の $\omega_{ic}$ は電流制御システムの帯域幅であり，$h_k$ は同システム閉ループ伝達関数 $G_{ic}(s)$ の特性多項式である次式の係数である．

$$H(s) = s^2 + h_1 s + h_0 = (s + w_1\omega_{ic})(s + (1-w_1)\omega_{ic}) \tag{9.24}$$

### 9.2.2 電流制御器の設計例

表 9.1 の供試 DC サーボモータを利用して，式 (9.20) および式 (9.22) の電流制御器を用いた電流制御システムの応答例を示す．

PI 電流制御器係数 $d_{i1}, d_{i0}$ は，式 (9.23) に従い設計した．表 9.1 に示した供試モータ電機子の抵抗とインダクタンスは，図 8.4 で使用したものと同一である．電流制御システムの帯域幅を $\omega_{ic} = 3\,000$ 〔rad/s〕と設計し，2 次安定多項式 $H(s)$ を指定するための設計パラメータ $w_1$ を $w_1 = 0.2$ とするならば，すでに式 (8.33) に示したように，PI 電流制御器は以下のように設計される．

$$G_{i-cnt}(s) = \frac{D_i(s)}{C_i(s)} = d_{i1} + \frac{d_{i0}}{s} = 2.74 + \frac{1\,584}{s} \tag{9.25}$$

電流制御性能確認のための実験は，以下のように行った．まず，供試モータに負荷装置を連結し，負荷装置を用いて供試モータをこの定格速度である一定速度 260〔rad/s〕で駆動した．この間，ゼロ電流指令値を与え，電機子電流はゼロ状態に維持した．この上で，ある瞬時に電流指令値 $i^*$ に定格近傍の一定値（すなわち，ステップ指令値）6〔A〕を与えた．本電流指令値 $i^*$ は，式 (9.1b) から理解されるように，次のトルク指令値 $\tau^*$ を与えたことを意味する．

$$\tau^* = Ki^* = 0.287 \times 6 = 1.722 \tag{9.26}$$

実験結果を図 9.8 に示す．同図は，上から，式 (9.20) の補償器つき PI 電流制御器による電流応答（ステップ応答），式 (9.22) の補償器なし PI 電流制御器

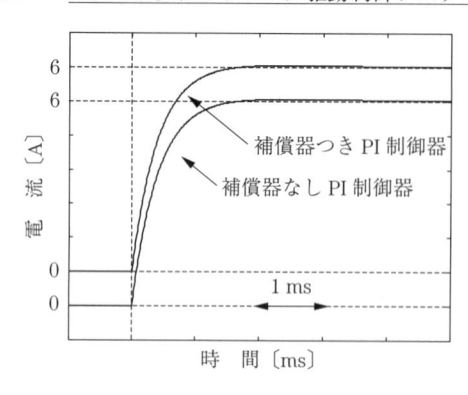

図9.8 電流制御システムの
　　　ステップ応答例

による電流応答（ステップ応答）である．二つの電流応答は，応答波形の重複を避けるため，基準値を1〔A〕相当移動して表示している．同図では，0〔A〕と6〔A〕の電流レベル，およびステップ電流指令値を与えた時刻を破線で明示した．なお，時間軸は1〔ms/div〕である．

　補償器つき電流制御器による電流応答は，同一制御器を利用した停止時の電流応答と同一である（図8.4b 参照）．すなわち，電流応答は定格速度での電機子回転の影響をまったく受けておらず，補償器が有効に働いていることが確認される．

　一方，補償器なしPI電流制御器による電流応答も，停止時の応答と同一である．換言するならば，補償器の有無の違いが出ていない．これは，以下のように説明される．一定速度回転の電機子の電流を補償器なしPI電流制御器を使用してゼロ電流制御した場合には，定格速度に対応する一定外乱（一定誘起電圧）$n = -K\omega_m$ は，内部モデル原理に従いPI電流制御器自体により補償される（式(9.21)参照）．外乱補償が完了した状態で，ステップ状の電流指令を与えるならば，あたかも外乱が存在しない場合と同一の電流応答，すなわち図8.4bと同一の電流応答が発生する．

　なお，電機子速度が変化している場合には，補償器の有無に起因した電流応答の違いが発生する．

## 9.3 速度制御

### 9.3.1 速度制御システムの構成と設計

〔1〕 **速度制御システムの等価伝達関数**　再び,速度制御ループを含むシステム全体を表現した図9.6および図9.6におけるDCサーボモータの細部を表現した図9.1を考える。図9.6において,トルク指令値 $\tau^*$ からトルク応答値 $\tau$ に至る伝達関数 $G_\tau(s)$ が,相対次数が1次の帯域幅 $\omega_{ic}$ をもつ電流制御ループの効果により,帯域幅 $\omega_{ic}$ かつ相対次数1次の1次遅れシステムとして近似表現されたとする(式(8.34)参照)。すなわち

$$G_\tau(s) = \frac{\omega_{ic}}{s + \omega_{ic}} \tag{9.27}$$

また,速度制御の対象である機械系の特性,すなわち印加トルクから機械速度に至る伝達関数 $G_m(s)$ は,図9.1に示したように,次の1次遅れシステムとして表現されるものとする。

$$G_m(s) = \frac{1}{J_m s + D_m} \tag{9.28}$$

この場合には,図9.6のシステム構成においては,速度制御器から見た制御対象 $G_p(s)$ は,次式となる。

$$G_p(s) = G_m(s) G_\tau(s) \tag{9.29}$$

式(9.29)の制御対象に対する速度制御器 $G_{s-cnt}(s)$ としては,次式で記述される構造をもたせるものとする。

$$\tau^* = G_{s-cnt}(s)(\omega_m^* - \omega_m) = \frac{D_s(s)}{C_s(s)}(\omega_m^* - \omega_m) \tag{9.30}$$

上の速度制御器 $G_{s-cnt}(s)$ を構成する $C_s(s), D_s(s)$ は,式(8.6b),(8.6c)と同一形式の高次多項式である。式(9.27)〜(9.30)を用いて示した速度制御システムは,図9.9(a)のように描画することができる。

さてここで,上の速度制御器 $G_{s-cnt}(s)$ を,速度制御閉ループ伝達関数 $G_{sc}(s)$ の帯域幅 $\omega_{sc}$ が内部電流ループの帯域幅 $\omega_{ic}$ に対しおおむね式(9.31)の

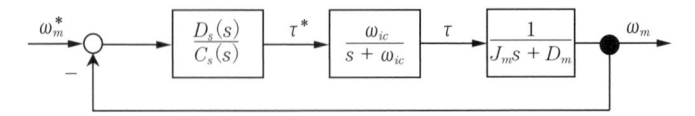

## 9. DCサーボモータ駆動制御システムの設計

(a) 電流制御ループの動特性を考慮した構成

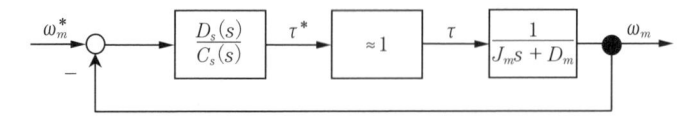

(b) 電流制御ループの動特性を無視した構成

図9.9 速度制御ループの等価構造

関係を満足するように設計することを考える。すなわち，速度制御システムの帯域幅が，電流制御ループの帯域幅の約1/5以下に設計することを考える。

$$\omega_{sc} = \alpha_s \omega_{ic} \quad ; \alpha_s \leq 0.2 \tag{9.31}$$

速度制御システムの閉ループ伝達関数の帯域幅 $\omega_{sc}$ における $G_\tau(s)$ の周波数応答は，式(9.31)を式(9.27)に用いると次式となる。

$$\left.\begin{array}{l} G_\tau(j\omega_{sc}) = \dfrac{1}{1+j\alpha_s} = |G_\tau(j\omega_{sc})|e^{j\phi_c} \\[6pt] |G_\tau(j\omega_{sc})| = \dfrac{1}{\sqrt{1+\alpha_s^2}} \approx \dfrac{1}{1+0.5\alpha_s^2} \quad ; \alpha_s \leq 0.2 \\[6pt] \phi_c = -\tan\alpha_s \approx -\alpha_s \end{array}\right\} \tag{9.32}$$

式(9.32)が示しているように，速度制御システム帯域幅内においては，内部電流制御ループによる振幅減衰は無視できる程度に小さい。また，位相遅れはわずかな位相余裕の減少をもたらすに過ぎない。したがって，式(9.31)に指定した速度制御システム帯域幅内では次の関係が近似的に成立する。

$$G_{so}(s) = G_p(s) G_{s-cnt}(s) = G_m(s) G_\tau(s) G_{s-cnt}(s)$$
$$\approx G_m(s) G_{s-cnt}(s) \tag{9.33a}$$

$$G_{sc}(s) = \frac{G_{so}(s)}{1+G_{so}(s)} \approx \frac{G_m(s) G_{s-cnt}(s)}{1+G_m(s) G_{s-cnt}(s)} \tag{9.33b}$$

ここに，$G_{so}(s), G_{sc}(s)$ は，おのおの，速度制御システムの開ループ伝達関数，閉ループ伝達関数である。

式(9.33)に示した近似の成立を考慮するならば，図9.9(a)の速度制御システムは同図(b)のように再描画される。

〔2〕**PI 速度制御器**　図9.9(b)より明白なように，式(9.30)で定義された速度制御器をもつ式(9.33)は，1次遅れ制御対象に対して高次制御器を構成した場合の開ループ伝達関数，閉ループ伝達関数と同一であり，この場合の速度制御器 $G_{s-cnt}(s)$ は，8.2.2項に提示した高次制御器設計法に従えば，ただちに設計される。特に，速度制御器 $G_{s-cnt}(s)$ を次の PI 制御器とする場合には

$$G_{s-cnt}(s) = \frac{D_s(s)}{C_s(s)} = \frac{d_{s1}s + d_{s0}}{s} = d_{s1} + \frac{d_{s0}}{s} \tag{9.34}$$

8.3.2項で提示した PI 制御器の設計法を活用することができる。これは，以下のように再整理される。

【PI 速度制御器設計法】

$$d_{s1} = J_m h_1 - D_m \approx J_m h_1 = J_m \omega_{sc} \tag{9.35a}$$

$$d_{s0} = J_m h_0 = J_m w_1 (1 - w_1) \omega_{sc}^2 \tag{9.35b}$$

$$0.05 \leqq w_1 \leqq 0.5 \tag{9.35c}$$

◇

上式の $h_k$ は，速度制御システムの閉ループ伝達関数 $G_{sc}(s)$ の特性多項式である次式の係数である。

$$H(s) = s^2 + h_1 s + h_0 = (s + w_1 \omega_{sc})(s + (1 - w_1)\omega_{sc}) \tag{9.36}$$

〔3〕**II 形速度制御器**　速度制御においては，PI 制御器の使用が基本である。これによれば，一定の速度指令への追従，ゼロ周波数外乱の抑圧には，満足できる性能が得られる。しかし，台形状の加減速指令への追従のための速度制御器 $G_{s-cnt}(s)$ としては，PI 制御器に代わって，次式に示した II 形制御器を利用したほうがよい場合がある（8.3.3節参照）。

$$G_{s-cnt}(s) = \frac{D_s(s)}{C_s(s)} = \frac{d_{s2}s^2 + d_{s1}s + d_{s0}}{s^2} = d_{s2} + \frac{d_{s1}}{s} + \frac{d_{s0}}{s^2} \tag{9.37}$$

II 形速度制御器の設計法は，8.3.3項に示した2次制御器設計法に，$\omega_0 = 0$，$\Delta\omega = 0$ の条件を付すことにより，ただちに得られる（式(8.37)参照）。これ

は，式(9.33)に示した近似が成立する場合には，以下のように再整理される．

【II形速度制御器設計法】

$$d_{s2} = J_m h_2 - D_m \approx J_m h_2 = J_m \omega_{sc} \tag{9.38a}$$

$$d_{s1} = J_m h_1 = J_m(w_1 w_2 + w_1 w_3 + w_2 w_3)\omega_{sc}^2 \tag{9.38b}$$

$$d_{s0} = J_m h_0 = J_m w_1 w_2 w_3 \omega_{sc}^3 \tag{9.38c}$$

$$w_1 + w_2 + w_3 = 1 \quad ; 0 < w_k < 1 \tag{9.38d}$$

◇

上式の $h_k$ は，速度制御システムの閉ループ伝達関数 $G_{sc}(s)$ の特性多項式である次式の係数である．

$$H(s) = s^3 + h_2 s^2 + h_1 s + h_0 = (s + w_1 \omega_{sc})(s + w_2 \omega_{sc})(s + w_3 \omega_{sc}) \tag{9.39}$$

### 9.3.2 速度制御器の設計例

〔1〕 **矩形速度指令に対する応答**　　表9.1の供試DCサーボモータを利用して，式(9.34)，(9.35)に示したPI速度制御器を用いて構成した速度制御システムの応答例を示す．

供試DCサーボモータを負荷装置から分離した．これに代わって，モータ慣性モーメントの3倍に相当する負荷用慣性モーメントをモータに付加した．これに応じた粘性摩擦係数は，総合慣性モーメントの0.5倍とした．すなわち，総合的な機械系の特性を次式とした．

$$G_m(s) = \frac{1}{J_m s + D_m} = \frac{1}{0.0024s + 0.0012} \tag{9.40}$$

速度制御システムの帯域幅を $\omega_{sc} = 300$ 〔rad/s〕と設計し，さらには，2次安定多項式 $H(s)$ を指定するための設計パラメータ $w_1$ を $w_1 = 0.5$ に選定した．本設計に対応したPI速度制御器は，式(9.35)の設計法に従えば次のように定まる．

$$G_{s-cnt}(s) = \frac{D_s(s)}{C_s(s)} = d_{s1} + \frac{d_{s0}}{s} = 0.72 + \frac{54}{s} \tag{9.41}$$

式(9.22), (9.25)の電流制御器を用いて電流制御ループを構成した上で, この上位に式(9.41)の速度制御器を用いて速度制御システムを構成した。本システムに対し, 振幅 ± 260 [rad/s], 周期 $2\pi/3$ [s] の速度指令値を与えた。本速度指令値の振幅は, 実質的に定格速度となっている。また, PI 速度制御器の出力信号 (すなわち, トルク指令値) にリミッタ処理を行い, トルク指令値を定格値内 (± 1.91 [Nm]) に制限した (図 9.6 参照)。これにより, 定格電流 (± 6.65 [A]) を超える電機子電流が流れないようにした。図 9.10 に応答を示す。

同図の波形は, 上から, 速度指令値, 同応答値, 電流応答値を示している。速度指令値と同応答値は重ねて表示しているが, 矩形状の信号が速度指令値である。なお, 時間軸は 0.5 [s/div] である。

矩形状の速度指令値に対して, 速度応答値は台形状となっている。一見, 速応性が低いような印象を与えるが, 実際は高い速応性を達成している。矩形状の速度指令値に対して, 速度制御システムは最大電流, 最大トルクで加速を行っている。最大加速性は, 加速時における電機子電流が定格値に維持されていることから理解される。なお, 定格速度到達後の定常速度応答における電機子電流は, 粘性摩擦に抗するトルクを発生するためのものである。

〔2〕 **台形速度指令に対する応答例**　　同様な実験を台形速度指令に対して行った。ただし, 電機子電流制限の影響を低減するため, 機械系の負荷を含む

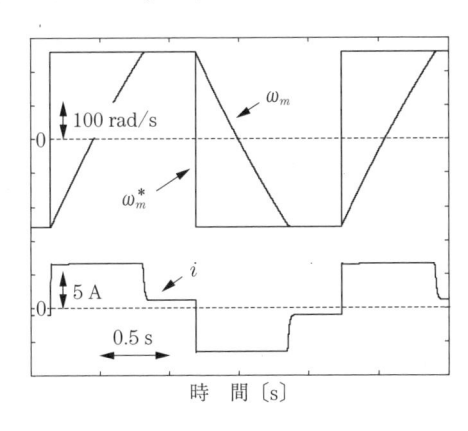

図 9.10 PI 速度制御器による応答例

206    9. DCサーボモータ駆動制御システムの設計

総合慣性モーメントを次式のように半減した。

$$G_m(s) = \frac{1}{J_m s + D_m} = \frac{1}{0.001\,2s + 0.001\,2} \tag{9.42}$$

速度制御システムの帯域幅を $\omega_{sc} = 300\,[\text{rad/s}]$ と設計し，さらには，2次安定多項式 $H(s)$ を指定するための設計パラメータ $w_1$ を $w_1 = 0.5$ に選定した。本設計に対応した PI 速度制御器は，式(9.35)の設計法に従えば次のように定まる。

$$G_{s-cnt}(s) = \frac{D_s(s)}{C_s(s)} = d_{s1} + \frac{d_{s0}}{s} = 0.36 + \frac{27}{s} \tag{9.43}$$

すなわち，機械系の総合慣性モーメントを半減した関係上，同一の速度制御システム帯域幅を確保する場合には，制御器係数の値は半減する。

最高速度 $\pm 260\,[\text{rad/s}]$，加速度（角加速度）$\pm 1\,500\,[\text{rad/s}^2]$ の台形速度指令を与えた場合の応答を，図9.11 に示す。同図の波形は，上から，速度指令値，同応答値，速度偏差の5倍値 $5e(t) = 5\,(\omega_m^* - \omega_m)$，電流応答値を示している。速度応答値は重複を避けるため，速度指令値に対して $100\,[\text{rad/s}]$ 相当分下方に下げて表示している。なお，時間軸は $0.5\,[\text{s/div}]$ である。

加減速期間の前半においては良好な追従性が確認されるが，後半では速度偏差が拡大している。これは，電機子電流応答から理解されるように，電機子電流が定格値に制限されていることに起因している。本応答より理解されるよう

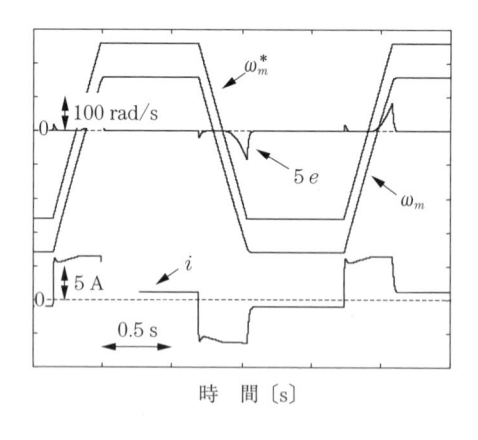

図9.11  PI 速度制御器による応答例

に，$\omega_{sc} = 300$〔rad/s〕程度の帯域幅を確保でき，かつ電流制限を受けなければ，PI 制御器によっても高い追従性を確保することができる（式(8.44)参照）．

速度制御帯域幅を十分に向上できない場合にランプ指令に対する追従性を改善するには，II 形制御器を使用することになる．II 形制御器による追従性の改善には，電機子電流が電流制限を受けないことが前提である．電機子電流が電流制限を受ける場合には，いかなる制御器を利用しようとも十分な追従性を期待することはできない．このような状態は，発生可能な最大トルク（連続発生可能な最大トルクが定格トルク），許容可能な慣性モーメント等を超えるランプ指令が与えられていることを意味しており，ランプ指令の加速度をこれらに合わせて低減せざるを得ない．

定格トルク，定格電流をおのおの $\tau_r, i_r$ とし，モータと負荷を含めた総合慣性モーメントを $J_m$ とし，この摩擦等の外力が無視できるとする．このような理想的な状況下においても，最大加速度 $\alpha_{\max}$ は次式に示す制約を受ける．

$$\alpha_{\max} \leq \frac{\tau_r}{J_m} = \frac{K i_r}{J_m} \tag{9.44}$$

上式から理解されるように，ランプ指令の加速度向上には，定格トルク向上（定格電流向上），慣性モーメント低減の少なくともいずれかの措置が必要である．

## 9.4 位 置 制 御

### 9.4.1 位置制御システムの構成と設計

図 9.12(a) を考える．同図は，速度制御ループの外部に（すなわち上位に）位置制御ループを構成した代表的な位置制御システムであり，図 9.6 を書き改めたものである．ただし，同図では，電流制御ループは，その特性が実質的に伝達関数 1 として近似できるものとして省略している．同図における $G_{s-cnt}(s), G_{p-cnt}(s)$ はおのおの速度制御器，位置制御器を意味している．

位置制御システムの帯域幅（またはゲイン交差周波数）が速度制御ループの

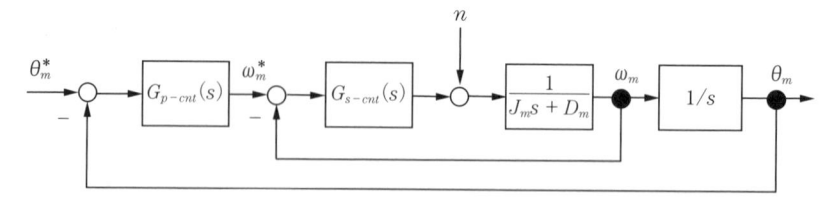

208    9. DC サーボモータ駆動制御システムの設計

(a) 速度制御ループの動特性を考慮した近似構成

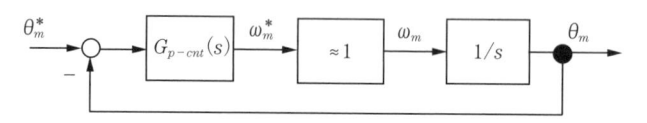

(b) 速度制御ループの動特性を無視した近似構成

図 9.12 位置制御ループの構成

帯域幅（またはゲイン交差周波数）の約 1/5 以下であれば，位置制御器設計の観点からは，9.3.1 項と同様な議論により，内部ループである速度制御ループを無視することができる．この場合の位置制御システムは，図 9.12(b) のように近似され，位置制御器 $G_{p-cnt}(s)$ とこの設計のための制御対象 $G_p(s)$ とは以下のように整理される．

$$G_p(s) = \frac{1}{s} \tag{9.45}$$

$$\omega_m^* = G_{p-cnt}(s)(\theta_m^* - \theta_m) = \frac{D_p(s)}{C_p(s)}(\theta_m^* - \theta_m) \tag{9.46}$$

位置制御器 $G_{p-cnt}(s)$ を構成する $C_p(s), D_p(s)$ は，式 (8.6b)，(8.6c) と同一形式の高次多項式である．

位置制御システムにおける式 (9.45)，(9.46) の関係は，速度制御システムにおける式 (9.29)，(9.30) の関係と同一である．したがって，位置制御器は，速度制御器と同様に設計することができる．特に，位置制御器 $G_{p-cnt}(s)$ を次の PI 制御器とする場合には

$$G_{p-cnt}(s) = \frac{D_p(s)}{C_p(s)} = \frac{d_{p1}s + d_{p0}}{s} = d_{p1} + \frac{d_{p0}}{s} \tag{9.47}$$

## 9.4 位 置 制 御

式(9.35)より，ただちに次の設計法を得る。

**【位置制御のためのPおよびPI制御器設計法】**

$$d_{p1} = \omega_{pc} \tag{9.48a}$$

$$d_{p0} = w_1(1-w_1)\omega_{pc}^2 \tag{9.48b}$$

$$0 \leq w_1 \leq 0.5 \tag{9.48c}$$

◇

上式における $\omega_{pc}$ は，位置制御システムの帯域幅である。式(9.48c)において明示されているように，設計パラメータ $w_1$ はゼロを含んでいる点には注意されたい。$w_1 = 0$ の選択は，PI制御器に代わって，P制御器を選択したことを意味する。

停止動作を伴う位置制御において，積分機能を有する位置制御器を使用し，さらに位置検出器の検出精度が位置制御器の分解能より低い場合には，停止時に持続振動（ハンティング，hunting）現象が発生する。これを回避するために，位置制御器には，しばしばP制御器が利用される。なお，ステップ応答に対する行き過ぎ（オーバーシュート）を回避するためにもP制御器が利用されることもあるが，行き過ぎの抑制には，設計パラメータ $w_1$ を小さく選定することで，すなわち積分ゲイン $d_0$ を小さく設計することで対処できる。

### 9.4.2 サーボ剛性

外乱 $n(t)$ から位置応答値 $\theta_m$ に至る伝達関数を $G_n(s)$ とすると，ゼロ周波数の定常外乱がシステムに混入した場合の位置応答値 $\theta_m$ への影響は，次式で与えられる。

$$\theta_m = G_n(0)n = \frac{1}{K_s}n \tag{9.49}$$

ただし，$K_s$ は次式で定義されたサーボ剛性（stiffness）である。

$$K_s = \left. \frac{1}{G_n(s)} \right|_{s=0} \tag{9.50}$$

サーボ剛性は，定義より明白なように，位置制御システムにおいて定常外乱抑

圧の度合いを示す指標である。

図 9.12(a) においては，外乱 $n$ から位置応答値 $\theta_m$ に至る伝達関数 $G_n(s)$ は，次式となる．

$$G_n(s) = \frac{1}{s(J_m s + D_m + G_{s-cnt}(s)) + G_{s-cnt}(s)G_{p-cnt}(s)} \tag{9.51}$$

式 (9.51) を式 (9.50) に用いると，図 9.12(a) のシステムのサーボ剛性は，以下のように求められる．

$$\begin{aligned}K_s &= s(J_m s + D_m + G_{s-cnt}(s)) + G_{s-cnt}(s)G_{p-cnt}(s)|_{s=0} \\ &= G_{s-cnt}(s)(s + G_{p-cnt}(s))|_{s=0} = G_{s-cnt}(0)G_{p-cnt}(0) \end{aligned} \tag{9.52}$$

したがって，速度制御器，位置制御器の少なくともいずれか一つに積分要素をもたせるように制御器を構成するならば，図 9.12(a) のシステムのサーボ剛性は無限大となる．

一般には，速度制御器に積分要素をもたせるようにする．この場合には，位置制御器を P 制御器とする場合においても，定常的には，位置検出器の精度に応じた位置制御が可能となる．

### 9.4.3　位置制御器の設計例

表 9.1 の供試 DC サーボモータを利用して，式 (9.47)，(9.48) に示した P 位置制御器を用いて構成した位置制御システムの応答例を示す．

制御システムの全体構成は，図 9.6 のとおりである．すなわち，まず，式 (9.22)，(9.25) の PI 電流制御器を用いて電流制御ループを構成した．次に，この上位に速度制御ループを構成した．電機子と負荷とを含めた機械系の総合動特性は，式 (9.42) で表現されるものとして，式 (9.43) の PI 速度制御器を用いて，速度制御ループを構成した．さらに速度制御ループの上位に，位置制御システムを次の P 位置制御器を用いて構成した．

$$G_{p-cnt}(s) = d_{p1} \tag{9.53}$$

速度制御器の出力側には，トルク指令値，電流指令値を定格値内に制限するためのリミッタを挿入した．また，位置制御器の出力側には，速度指令値を定

## 9.4 位置制御

格値内に制限するためのリミッタを挿入した。

式(9.48)が示しているように，式(9.53)の位置制御器係数 $d_{p1}$ は位置制御システムの帯域幅 $\omega_{pc}$ と等しく設定することになる。$\omega_{pc} = 13$ [rad/s]，$d_{p1} = 13$ と設計し，本設計により構成された位置制御システムに対して，振幅 ±150 [rad]，周期 $4\pi/3$ [s] の位置指令値を与えたときの応答を図9.13に示す。

同図の波形は，上から，位置指令値，同応答値，速度応答値，電流応答値を意味している。時間軸は1 [s/div] である。同図より，移動開始から約1.1 [s] 経過後には目標位置に到達し，位置決めを完了している様子が確認される。停止からの移動開始直後は，許容された最大電流である定格電流で加速を開始し（すなわち定格トルクで加速し），許容された最大速度（すなわち定格速度）到達まで最大加速を続けている。最大速度到達後には本速度で高速移動を継続し，目標位置近傍に到達すると，許容最大電流（定格トルク）で減速し，一気に目標位置に整定している。すなわち，最大電流，最大トルク，最大速度を伴った最短時間での位置決めが達成されている。この間，電流応答，速度応答，位置応答において，特に注意すべき行き過ぎは発生していない。

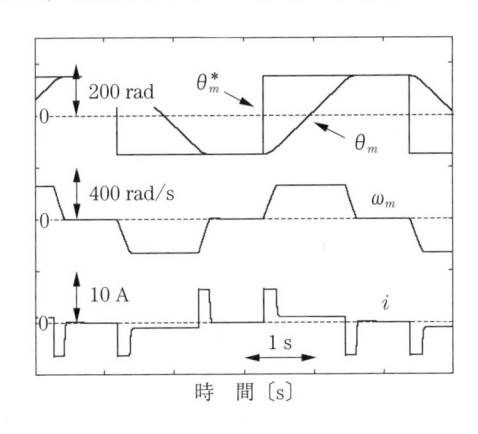

図9.13 P位置制御器による応答例

# 参 考 文 献

1) W.R. Evans: Control-System Dynamics, McGraw-Hill (1954)
2) J.G. Truxal: Automatic Feedback Control System Synthesis, McGraw-Hill (1955)
3) J.G. Truxal (Editor): Control Engineers' Handbook, McGraw-Hill (1958)
4) J.J. DiStefano III, A.R. Stubberud, and I.J. Williamas: Theory and Problems of Feedback and Control Systems, Schaum's Outline Series, McGraw-Hill (1967)
5) J.V. De Vegte: Feedback Control Systems, Prentice Hall (1994)
6) B.C. Kuo: Automatic Control Systems, Prentice Hall (1995)
7) W.S. Levine (Editor): The Control Handbook, CRC Press (1996)
8) 樋口禎一, 八高隆雄: フーリエ級数とラプラス変換の基礎・基本, 牧野書店 (2000)
9) 白井 宏: 応用解析学入門——複素関数論・フーリエ解析・ラプラス変換——, コロナ社 (1993)
10) 添田 喬, 中溝高好: わかる自動制御演習, 日新出版 (1967)
11) 鈴木 隆: 自動制御理論演習, 学献社 (1969)
12) 美多 勉: ディジタル制御理論, 昭晃堂 (1991)
13) 浜田 望, 松本直樹, 高橋 徹: 現代制御理論入門, コロナ社 (1997)
14) 今井弘之, 竹口知男, 能勢和夫: やさしく学べる制御工学, 森北出版 (2000)
15) 下西二郎, 奥平鎮正: 制御工学, コロナ社 (2001)
16) 森 泰親: 演習で学ぶ基礎制御工学, 森北出版 (2004)
17) 阪部俊也, 飯田賢一: 自動制御, コロナ社 (2007)
18) 新中新二: 1次遅れ特性をもつ制御対象の制御方法, 日本国特許第4446286号 (2004-7-16)
19) 新中新二: 1次制御対象に対する高次制御器の構造と設計, 内部モデル制御器の新構造と新設計, 電気学会論文誌 D, 125, 1, pp.115-116 (2005)
20) 新中新二: 単相電力における周期的時間平均量の簡易瞬時推定法と単相電力系統連系への応用, 電気学会論文誌 B, 124, 11, pp.1327-1335 (2004)
21) 新中新二: 永久磁石同期モータのベクトル制御技術 上下巻, 電波新聞社 (2008)

# 索引

## 【あ】

| | |
|---|---|
| アーギュメント | 89 |
| アナログ実現 | 7 |
| アーム | 192 |
| 安定根 | 136 |
| 安定性 | 75,130 |
| 安定多項式 | 136 |

## 【い】

| | |
|---|---|
| 行き過ぎ時間 | 76,85 |
| 行き過ぎ量 | 76,85,129 |
| 位相応答 | 89 |
| 位相交差 | 165 |
| 位相交差周波数 | 165,168 |
| 位相交点 | 165 |
| 位相特性 | 89,120 |
| 位相補償器 | 107,115 |
| 位相余裕 | 164 |
| Ⅰ形制御器 | 174 |
| 1次遅れ要素 | 39,43,97,112 |
| 1次制御器 | 177 |
| 一巡伝達関数 | 67 |
| 位置制御 | 207 |
| インディシャル応答 | 75 |
| インパルス応答 | 38,75,131 |

## 【お】

| | |
|---|---|
| オクターブ | 93 |
| オールパス | 105 |
| 折れ点周波数 | 98,102,103,107 |

## 【か】

| | |
|---|---|
| 界 磁 | 187,188 |
| 解析接続 | 13 |
| 回転系 | 45 |
| 回転子 | 188 |
| 回転速度 | 45,63 |
| 外 乱 | 4,168,198 |
| 外乱補償 | 7 |
| 開ループ制御システム | 7 |
| 開ループ伝達関数 | 67,110,119 |
| 過減衰 | 81 |
| 加算点 | 60 |
| 過制動 | 81 |
| 過渡応答 | 9,11,74 |
| 慣性モーメント | 45,63,188 |
| 還流ダイオード | 192 |

## 【き】

| | |
|---|---|
| 機械的時定数 | 189 |
| 基準入力 | 4 |
| 基本要素 | 39,92,111 |
| 逆応答 | 87 |
| 共 振 | 102 |
| 共振周波数 | 102 |
| 共振値 | 102,129 |
| 極 | 13,23,133,135 |
| 極座標 | 110,120 |
| 極による安定判別法 | 135 |
| 近似積分 | 99 |
| 近似積分回路 | 45,61 |
| 近似微分 | 100,109,117,196 |
| 近似微分回路 | 52,61 |

## 【く】

| | |
|---|---|
| 加え合わせ点 | 60 |

## 【け】

| | |
|---|---|
| ゲイン位相線図 | 119 |
| ゲイン交差 | 164 |
| ゲイン交差周波数 | 125,126 |
| ゲイン交点 | 164 |
| ゲイン余裕 | 165 |
| 検出部 | 2 |
| 減衰係数 | 47,48,50,79 |
| 減衰固有周波数 | 82,102 |
| 減衰比 | 86,129 |
| 厳にプロパー | 23 |

## 【こ】

| | |
|---|---|
| 高次制御器 | 170,172 |
| 高速モード | 81 |
| 国際単位系 | 190 |
| 固定子 | 188 |
| 固有周波数 | 47,48,50 |
| 根軌跡 | 144 |
| 混合法 | 25 |

## 【さ】

| | |
|---|---|
| 最終値定理 | 17,184 |
| 最小二乗法 | 85 |
| 最大行き過ぎ量 | 76 |
| サーボ機構 | 7 |
| サーボ剛性 | 209 |
| サーボシステム | 8 |
| 三角波比較PWM | 194 |
| 3結合 | 65 |

## 【し】

| | |
|---|---|
| 時間応答 | 74,88,127 |
| 時間推移定理 | 14 |
| 時間積分定理 | 16 |
| 時間畳込み定理 | 17 |
| 時間微分定理 | 14 |
| 時間領域 | 9,10,12 |
| 指数関数 | 20 |
| 指数正弦関数 | 21 |
| システム | 1 |
| 自然周波数 | 47 |
| 実 根 | 79 |
| 時定数 | 44,76,78 |
| 自動制御 | 1 |
| 支配的時定数 | 76 |
| 時不変 | 35 |

| | | |
|---|---|---|
| 周期定理 | 18 | |
| 周波数応答 | 74, 89, 127 | |
| 周波数特性 | 89 | |
| 周波数領域 | 9, 11, 12 | |
| 出力信号 | 3, 74 | |
| 出力方程式 | 33 | |
| 受動回路 | 49 | |
| 手動制御 | 1 | |
| 状態空間表現 | 32 | |
| 状態方程式 | 33, 48 | |
| 初期値 | 10, 15 | |
| 初期値定理 | 17 | |
| 指令変換器 | 196 | |
| 信号線 | 59 | |
| 振幅応答 | 89 | |
| 振幅減衰比 | 76, 85, 129 | |
| 振幅特性 | 89, 120 | |

【す】

| | |
|---|---|
| スケーリング定理 | 13 |
| ステップ応答 | 75, 86, 127 |
| ステップ関数 | 75 |
| スモールゲイン定理 | 163 |

【せ】

| | |
|---|---|
| 正規化時間 | 77, 81, 84 |
| 正規化周波数 | 94, 96, 97 |
| 制御 | 1 |
| 制御器 | 3, 7 |
| 制御器係数 | 172 |
| 制御器構造 | 172 |
| 制御システム | 2 |
| 制御装置 | 3 |
| 制御対象 | 2 |
| 制御偏差 | 4 |
| 制御量 | 3, 168 |
| 整定時間 | 76, 78, 83 |
| 制動係数 | 47 |
| 制動比 | 86 |
| 積分ゲイン | 179 |
| 積分制御器 | 174, 178 |
| 積分要素 | 39, 40, 92, 112 |
| 絶対収束 | 12 |
| 漸近安定 | 130 |
| 線形 | 35 |
| 線形時不変システム | 35 |

| | |
|---|---|
| 線形定理 | 13 |

【そ】

| | |
|---|---|
| 双曲線関数 | 21 |
| 操作部 | 3 |
| 操作量 | 4 |
| 相対次数 | 23, 126 |
| 速応性 | 47, 75, 82, 126, 172 |
| 速度 | 46 |
| 速度起電力 | 63 |
| 速度制御 | 201 |
| 速度制御器 | 196 |

【た】

| | |
|---|---|
| 帯域幅 | 99, 103, 125, 126 |
| 多項式 | 22 |
| 畳込み積分 | 9, 12, 38 |
| 立上り時間 | 76, 78, 84, 126 |
| 単位ステップ関数 | 20 |
| ターンオフ | 193 |
| ターンオン | 193 |
| ダンピング係数 | 47 |
| 短絡防止期間 | 195 |

【ち】

| | |
|---|---|
| 遅延時間 | 76, 78, 84 |
| 調節器 | 3, 8 |
| 直接的 | 10 |
| 直線位相 | 104 |
| 直動系 | 46 |
| 直列結合 | 65, 91 |
| 直交座標 | 110 |

【つ】

| | |
|---|---|
| 追値制御 | 7, 168, 187 |

【て】

| | |
|---|---|
| 定格速度 | 190 |
| 定格トルク | 190 |
| ディケイド | 93 |
| 抵抗 | 63, 188 |
| ディジタル実現 | 7 |
| 定常応答 | 9, 11, 74 |
| 定常偏差 | 176, 182 |
| 低速モード | 81 |
| 定置制御 | 8 |

| | |
|---|---|
| デルタ関数 | 20, 38, 74, 131 |
| 電機子 | 63, 187, 188 |
| 電気的時定数 | 188 |
| 伝達関数 | 38, 48 |
| 電流検出器 | 196 |
| 電流制御 | 184, 197 |
| 電流制御器 | 196 |
| 電力変換器 | 5, 192, 196 |

【と】

| | |
|---|---|
| 等位相円 | 123 |
| 動作信号 | 4 |
| 等振幅円 | 123 |
| 特異点 | 13 |
| 特性根 | 23, 79, 80, 133, 135 |
| 特性多項式 | 22, 133 |
| 特性方程式 | 22 |
| トランジスタスイッチ | 192 |
| トルク | 45, 63 |
| トルク定数 | 63, 188 |

【な】

| | |
|---|---|
| ナイキスト線図 | 110 |
| ナイキストの安定判別法 | 151, 153 |
| ナイキストの簡易安定判別法 | 160 |
| 内部モデル原理 | 168, 179 |

【に】

| | |
|---|---|
| II形制御器 | 174, 183, 207 |
| ニコルス線図 | 119, 122 |
| 2次遅れ要素 | 39, 47, 100 |
| 入力信号 | 3, 74 |

【ね】

| | |
|---|---|
| 粘性摩擦係数 | 45, 46, 63 |

【の】

| | |
|---|---|
| のこぎり波比較PWM | 194 |

【は】

| | |
|---|---|
| はしご形RC回路 | 49, 62, 65 |
| パデ近似 | 54, 86, 104, 114 |
| パルス関数 | 21 |
| パワーレイト | 190 |

# 索引

| | | |
|---|---|---|
| 半円 | 115, 116, 117 | |
| 半円軌跡 | 113 | |
| ハンティング | 209 | |

## 【ひ】

| | |
|---|---|
| 引出し点 | 60 |
| 非斉次方程式 | 10 |
| 非同次方程式 | 10 |
| 微分演算子 | 55 |
| 微分要素 | 39, 95, 112 |
| 比例制御器 | 174 |
| 比例要素 | 39, 92, 111 |

## 【ふ】

| | |
|---|---|
| 不安定根 | 136 |
| フィードバック結合 | 65 |
| フィードバック信号 | 3 |
| フィードバック制御システム | 2, 6 |
| フィードバック伝達関数 | 67, 69 |
| フィードフォワード制御システム | 6 |
| フォワード伝達関数 | 67, 69 |
| 負荷効果 | 49, 54 |
| 複素推移定理 | 14 |
| 複素積分定理 | 16 |
| 複素畳込み定理 | 18 |
| 複素微分定理 | 16 |
| 不足減衰 | 82 |
| 不足制動 | 82 |
| 部分分数展開 | 23 |
| フーリエ変換 | 9 |
| フルビッツ行列 | 137 |
| フルビッツ多項式 | 136, 171 |
| フルビッツの安定判別法 | 136 |
| フルブリッジ回路 | 192 |
| フレミングの左手則 | 63, 188 |

| | |
|---|---|
| フレミングの右手則 | 63, 188 |
| ブロック | 59 |
| ブロック線図 | 58 |
| プロパー | 23 |
| 分圧回路 | 40 |
| 分岐点 | 60 |

## 【へ】

| | |
|---|---|
| 閉ループ制御システム | 7 |
| 閉ループ伝達関数 | 67, 110, 122, 123, 126, 127 |
| 並列結合 | 65, 106, 109 |
| ベクトル軌跡 | 110 |
| ヘビサイドの展開定理 | 24 |
| 変換部 | 2 |
| 偏差 | 4 |

## 【ほ】

| | |
|---|---|
| ボード線図 | 91 |
| ホール線図 | 123 |

## 【み】

| | |
|---|---|
| 未定係数法 | 24 |

## 【む】

| | |
|---|---|
| むだ時間 | 51 |
| むだ時間要素 | 39, 51, 54 |

## 【も】

| | |
|---|---|
| 目標値 | 4, 168 |
| モード | 78, 81, 128 |

## 【ゆ】

| | |
|---|---|
| 有界入力有界出力安定 | 130 |
| 誘起起電力 | 63 |
| 誘起電圧 | 63 |
| 誘起電圧項 | 198 |
| 誘起電圧定数 | 63, 188 |
| 有理関数 | 22 |

| | |
|---|---|
| 有理多項式 | 22 |

## 【ら】

| | |
|---|---|
| ラウスの安定判別法 | 136 |
| ラプラス変換 | 9, 10, 12 |
| ランプ応答 | 75 |

## 【り】

| | |
|---|---|
| 臨界減衰 | 81 |
| 臨界制動 | 81 |

## 【れ】

| | |
|---|---|
| 零 | 23 |
| 冷却系 | 46 |
| 零点 | 23 |
| レギュレイタ | 8 |
| 連続時間制御システム | 7 |
| 連分数安定判別法 | 149 |

## 【ろ】

| | |
|---|---|
| ローパスフィルタ | 43, 47, 53 |

## 【数字】

| | |
|---|---|
| 0 次制御器 | 175 |
| 2 次制御器 | 182 |
| 2 自由度制御システム | 69, 70, 72 |

## 【欧文】

| | |
|---|---|
| DC 発電機 | 64, 72 |
| DC モータ | 4, 62, 68, 187 |
| I 制御器 | 178 |
| k 形制御器 | 174 |
| MN 線図 | 119, 123 |
| $n$ 次積分 | 94, 118 |
| PID 制御器 | 106, 118 |
| PI 制御器 | 141, 174, 177 |
| P 制御器 | 174, 175 |

―― 著者略歴 ――

| | |
|---|---|
| 1973 年 | 防衛大学校卒業 |
| 1973 年 | 陸上自衛隊入隊 |
| 1979 年 | 米国カリフォルニア大学アーヴァイン校大学院博士課程修了 |
| | Ph.D.（カリフォルニア大学アーヴァイン校（米国）） |
| 1979 年 | 防衛庁第一研究所勤務 |
| 1981 年 | 防衛大学校勤務 |
| 1986 年 | 陸上自衛隊除隊 |
| 1986 年 | キヤノン株式会社勤務 |
| 1990 年 | 工学博士（東京工業大学） |
| 1991 年 | 株式会社日機電装システム研究所創設（代表） |
| 1996 年 | 神奈川大学教授 |
| | 現在に至る |

## システム設計のための基礎制御工学
Introduction to Control Engineering for System Design

© Shinji Shinnaka 2009

2009 年 3 月 12 日　初版第 1 刷発行
2015 年 2 月 25 日　初版第 2 刷発行

★

検印省略

著　者　新　中　新　二
発行者　株式会社　コロナ社
　　　　代表者　牛来真也
印刷所　三美印刷株式会社

112-0011　東京都文京区千石 4-46-10
発行所　株式会社　コロナ社
CORONA PUBLISHING CO., LTD.
Tokyo Japan
振替 00140-8-14844・電話(03)3941-3131(代)
ホームページ http://www.coronasha.co.jp

ISBN 978-4-339-03197-3　（安達）　（製本：愛千製本所）
Printed in Japan

本書のコピー，スキャン，デジタル化等の無断複製・転載は著作権法上での例外を除き禁じられております。購入者以外の第三者による本書の電子データ化及び電子書籍化は，いかなる場合も認めておりません。

落丁・乱丁本はお取替えいたします